Ewald F. Weiden
Folienkrieg und Bullshitbingo

PIPER

Zu diesem Buch

Die Könige der Business-Class regieren mit Power-Point-Präsentation und Excel-Sheet – und doch sind sie manchmal ganz putzig: Wenn sie in der Frühmaschine »zum Kunden« fliegen und ihr Croissant verschlafen in den Lufthansa-Cappuccino tunken, möchten wir ihnen über die Anzugtasche streicheln und ihnen tröstend zuflüstern: »Der nächste Bonus kommt bestimmt!«

Ewald F. Weiden, studierter Betriebswirt und promovierter Kommunikationswissenschaftler, war selbst über neun Jahre Unternehmensberater. Auf dem Höhepunkt seiner Beraterlaufbahn konnte er in 18 Hauptstädten der Welt einen Touchdown verbuchen und hatte zwar Hilton Diamond Status, den Lufthansa HON aber knapp verpasst. Heute lebt er in Berlin, hat seine Work-Life-Balance austariert und schreibt Bücher.

Ewald F. Weiden

FOLIENKRIEG BULLSHITBINGO

Handbuch für Unternehmensberater, Opfer
und Angehörige

PIPER
München Berlin Zürich

Mehr über unsere Autoren und Bücher:
www.piper.de

Originalausgabe
1. Auflage April 2011
6. Auflage Januar 2016
© Piper Verlag GmbH, München/Berlin 2011
Umschlaggestaltung: semper smile, München
Umschlagabbildung: semper smile, München
Satz: Kösel, Krugzell
Gesetzt aus der Swift
Druck und Bindung: CPI books GmbH, Leck
Printed in Germany   ISBN 978-3-492-26414-3

| Inhalt

1 | Einführung

Sind Ihnen schon mal die Typen aufgefallen, die im Flughafen schnellen Schrittes mit wehenden Krawatten ihre Trolleys hinter sich herziehen? Die in dunklen Anzügen in Firmen einfallen, seltsame Fragen stellen und alles umkrempeln? Sind Sie möglicherweise selbst betroffen? Dann sind Sie Unternehmensberater – Sie gehören zu den Hi-Flyern des Jetsets, haben erreicht, wovon Tausende von Absolventen träumen. Sie sind die Gewinner von Globalisierung und Produktivitätssteigerungen, die Elite des Managements, der Motor der Wirtschaft, sind Leistungsträger und FDP-Klientel. Wahrscheinlich war Ihr Abitur spitze, Ihre Studienleistung weit überdurchschnittlich, Sie haben sich bewährt in Auswahlverfahren mit Tests und Fallstudien (Beratersprech: Case Studies). Sie bewegen sich ständig »auf Projekten« und zwischen den Hauptstädten der Welt.

Aber wahrscheinlich wissen Sie auch um den zweifelhaften Ruf, den diese Branche bisweilen genießt. Und Sie leiden darunter, dass Sie anderen nie wirklich erklären können, worin Ihre Tätigkeit eigentlich besteht. Wenn Sie aus Ihrem Alltag erzählen, murmelt Ihr Gegenüber meist ein verständnisvolles »Aha«, während die Augen verraten, dass wirkliche Einsicht nicht erreicht werden konnte. Man erntet ratlose Blicke, wenn man seine Berufsbezeichnung verrät – die dann verkürzt wird auf: »Der macht was mit Computern und so.«

Vor allem Berufseinsteiger kämpfen mit dem Problem, vorauszusehen, was auf sie zukommt. Auf den folgenden Seiten werden daher einzelne Aspekte des Beratungsalltags etwas genauer beschrieben. Denn wenn Sie diese Laufbahn erst noch einschlagen wollen, dann verbinden Sie höchstwahrscheinlich einige Vorstellungen mit dem Beraterdasein: dass es »herausfordernd« ist,[1] dass man immerfort dazulernt, dass es ältere Berater quasi nicht gibt, weil diese ihre Zeit auf dem Golfplatz verbringen ... Einige dieser Vorstellungen werden wir im Verlauf des Buches näher beleuchten. Vielleicht werden Ihnen einige Dinge vertraut vorkommen, andere Sie überraschen, manche womöglich desillusionieren.

Dieses Buch hat jedoch nicht die Absicht, Sie zu demotivieren oder Ihnen die Begeisterung für dieses Berufsfeld zu nehmen – sondern höchstens, den geheimnisvollen Schleier etwas zu lüften, der die Herren in den schicken Anzügen umgibt, die gelegentlich durch die Büroflure großer Konzerne huschen. Es hilft Ihnen hoffentlich, am SIXT-Schalter Gelassenheit zu bewahren, wenn Ihr Vordermann gerade ein Upgrade aushandelt, und Verwechslungen schwarzer Samsonite-Koffer am Gepäckband zu vermeiden.

Antizipieren Sie Ihren Burn-out, und planen Sie diesen frühzeitig. Bereiten Sie sich auf das nächste Vorstellungsgespräch vor, indem Sie herausfinden, was in den Köpfen der Recruiter[2] vorgeht – oder überraschen Sie den schlipstragenden Teil Ihres Freundeskreises mit Insights[3], die man bei Ihrem Bohème-Leben nie vermutet hätte.

Gehören Sie nicht zu diesem Kreis der Auserwählten, widerfährt Ihnen aber zumindest das Glück, jemanden aus dieser Sphäre zu kennen? Jemanden aus der stetig wachsenden Zahl der Anzugträger, welche die Flughafenlounges bevölkern, montagmorgens und zum Wochen-ende lange Schlangen vor den Schaltern der Mietwagen-firmen erzeugen, mit goldenen und schwarzen Kreditkarten zahlen, die in der Welt der Businesshotels zu Hause sind und denen mit der Ehrfurcht der Unwissenden begegnet wird – und haben Sie sich sicher schon einmal die Frage gestellt, was Ihr/e Bekannte/r eigentlich den ganzen Tag macht?

Dieses Buch ist keine Abrechnung mit der Beratungs-branche oder dem Sinn und Zweck ihres Daseins, sondern gibt Einsichten in den Alltag und das Aufgabenfeld sowie in die Lebensumstände, welche die Wahl dieses Berufsfel-des mit sich bringt. Nach langen Jahren im Beraterzirkus lässt sich aber ein gewisses Maß an Zynismus nicht ver-meiden. Schließlich gilt für alle Ausführungen die Grund-erkenntnis:

»Unternehmensberatung ist bezahlte Besserwisserei bei maximaler Verantwortungslosigkeit.«

– anonym –

Und weil Berater im Querformat denken und alles in Pro-zesspfeile und fette Punkte (Beratersprech: Bullet points) packen, wäre ein Ausblick ohne Darstellung auf einer Folie unvollständig:

Die 15 Kapitel des Beraterhandbuchs gliedern sich in fünf thematische Einheiten

Kapitelübersicht und Inhalte

Einstieg und Aufstieg	Beraterralltag	Reiseleben	Sinn
• Berater werden • Mythen und Unmythen • Beraterhierarchien • Beraterdenke • Sprache • Wertschöpfung • Berateraufgaben • Karrierestufen • Beraterorganisation • Kollegen • Outfit	• Anreise • Büro • Daily Business • Powerpoint • Projektarbeit • Timelines • Copy & Paste • Idle time	• Jetset • Bonusprogramme • Roadfood	• Einkommen • Psychotest • Exit-Szenario • Rückbesinnung • Burn-out • Freundeskreis • Beziehung • Gefühle • Sinn und Werte

Abbildung 1: Inhaltsübersicht

2 | Wie alles beginnt – Berater werden und Berater sein

»Als Berater wirste immer als Experte für irgend-
was verkauft, was du überhaupt nicht kannst.
Dein Potenzial besteht darin, die Erwartungen
trotzdem nicht zu enttäuschen, indem du schnell
genug Experte wirst.«

Projektleiter auf dem ersten Projekt des Autors

Kaum zu glauben, aber wir alle waren einmal jung. Es gab eine Zeit vor der Beratung. Aus irgendeinem Grund haben wir uns dann entschieden, in diese Welt der Anzüge, Trolleys (kein Trolle à la Shrek, sondern die kleinen Köfferchen mit Rollen und ausziehbarem Griff, die uns überallhin begleiten) und der Businessclass einzutauchen. Warum? Was hat uns dazu bewegt, unser eigenes Bett klaglos gegen anonyme Hotelbetten einzutauschen, unserem Freundeskreis unter der Woche Lebewohl zu sagen, den Sport, die Musik und nahezu alle sonstigen Hobbys an den Nagel zu hängen?

Ein Großteil der heutigen Unternehmensberater kommt wohl aus der sogenannten Generation Golf – anders als die abgrenzungswütigen 68er oder die liebesbefreiten Disco-70er waren wir Kinder der 80er-Jahre von Nike, Playmobil und Gordon Gekko fasziniert, und die Plastikästhetik der Videoclips hat uns ein Versprechen eingeimpft: dass die Welt bunt ist und auch für uns eine Popcorn-Idylle an der Côte d'Azur erreichbar sein kann. Ehrliche Arbeit? Ein Leben lang? Aber nie im Leben!

Die glücklichen Gewinner der Dotcom-Blase haben das verwirklicht, was uns damals so erstrebenswert schien: innerhalb weniger Wochen aus Versprechungen einen Börsengang realisieren und damit seine Schäfchen ins Trockenen gebracht haben – und in Zukunft von der Geißel der Lohnarbeit befreit sein. Und wir anderen, weniger Waghalsigen, denen das Unternehmertum der Haffa-Brüder durch zu viel Ehrlichkeit versagt geblieben ist? Wir haben unsere Träume auf »den Bürojob« zurechtgestutzt, der Ende der 80er-Jahre nach Umfragen die Traumkarriere war: arbeiten im Warmen, bei gleichzeitig anspruchsvoller Tätigkeit und entsprechender Bezahlung. Eben so etwas wie: Berater werden. Das Ziel dahinter? Mit 30 ein Auskommen zu haben, mit dem zwei Wochen Arbeit im Monat ausreichen. Den Rest der Zeit Unabhängigkeit genießen, die einem Platz für Träume bietet. Welche Träume das sind? All die geparkten Ambitionen, die man sich bis dahin mit der Phrase »Das könnte ich später einmal machen« versagt hat und die man dann endlich angehen kann – aus dem warmen Nest der Sicherheit heraus.

Also tauschen ehemalige Nirvana-Grunge-Fans ihre Holzfällerhemden gegen van-Laack-Modelle und Armani-Krawatten und opfern ihre vermeintliche Unangepasstheit der Karriere. Sie tauchen ein in eine Welt, die von innen anders aussieht als von außen – und die sie derart verschlingt, dass Außenstehende kaum noch begreifen, was eigentlich dahintersteckt. Und nach endlosen Projektnächten sitzen sie in Mutters Küche – weil es auch die dritte Freundin nicht ausgehalten hat, eine »Zusammen-wohn-aber-trotzdem-Wochenendbeziehung« zu führen, und hoffen auf Zuspruch, Trost und Durchhalteparolen, um verblüfft festzustellen, dass nicht einmal die eigenen Eltern verstehen, womit man sich 17 Stunden am Tag beschäftigt.

Stattdessen geistern ein paar schemenhafte Bilder und Klischees herum (»Der macht was mit Computern«, »Ich ruf dich nicht mehr an, weil ich ja nie weiß, wo in der Welt du gerade bist«), aber mitfühlendes Verständnis? Fehlanzeige. Dabei gibt es diesen sensiblen Punkt, an dem einem klar wird, dass auch mit der Beraterkarriere nur die wenigsten zu Millionären werden – und die Sinnkrise vorprogrammiert ist. Wie war das doch gleich mit »Später dann die Träume leben«? Plötzlich ist später, und es taucht die Frage auf, ob jetzt nicht der richtige Zeitpunkt wäre, die Work-Life-Balance zu optimieren.

Natürlich gibt es auch diejenigen, die als Unternehmensberater ihren Traumjob leben. Die angefixt sind von der Möglichkeit, Dinge besser zu machen, Abläufe zu optimieren, Entscheidungen bestmöglich vorzubereiten. Die unermüdlichen Faktensammler, Dingen-auf-den-Grund-Geher, die Analytiker, Strukturierer, die Zuhörer und notorischen Besserwisser, die sich von der Verantwortung für ihre Entscheidungen entbunden wissen. Sie tummeln sich im Karpfenteich eines Wirtschaftsbetriebes, der ohne die fleißigen Arbeitsnomaden von heute zwischen Meetings und Monatsreporting stillzustehen droht. Sie lösen die Karstadtkrise, fusionieren Daimler und Chrysler, versuchen, Märklin zu sanieren, entfusionieren Daimler und Chrysler wieder, helfen Parteien bei der Kommunikation und Kirchen in Finanznöten – und werden auch gerne zur Gesetzesvorbereitung herangezogen. Ohne ihren profunden Sachverstand und ihre versprochene Leistungsfähigkeit würde die Maschinerie unseres kapitalistischen Systems nicht so rund laufen und wäre kaum so produktiv – andererseits würden viele Wälder in Finnland noch leben, deren Stämme zum Papier für endlose Präsentationsausdrucke wurden.

Nicolas (35), Associate bei einer großen Unternehmensberatung, fühlt sich irgendwie immer noch wie 17. Aus den weißen Kopfhörern dröhnt handgemachte Rockmusik, wenn er gerade über einem Excel-Sheet mit Staffing-Anfragen[4] brütet. Sein Team kennt ihn als netten, umgänglichen Typen, doch kaum einer weiß, dass er mit 20 eine eigene Band hatte und zu Hause noch ein halbes Dutzend Gitarren in seinem Schlafzimmer stehen – die von seiner

Frau mittlerweile liebevoll abgestaubt werden, wenn der Gatte mal wieder auf Reisen im Hotel nächtigt. Nach wie vor träumt Nicolas davon, »den ganzen Kram« einmal hinter sich zu lassen und sich wieder voll der Musik zu widmen. Erst einmal soll aber das Haus abbezahlt und der Junior seine Ausbildung machen. Bis dahin wird er wohl noch weiter seinem Brotberuf folgen und mit seinem Team Prozesse optimieren.

Berater werden

Auf seinem ersten Beratungsprojekt war Sven (26), Junior Consultant, überrascht, dem Kunden als Logistikexperte vorgestellt worden zu sein. Er hatte Wirtschaftsingenieurwesen studiert und fünf Jahre zuvor ein vierwöchiges Praktikum bei einer Spedition gemacht. Das Gefühl, als reiche das aus, um einen Expertenstatus zu rechtfertigen, hatte er jedoch nicht. Auf sein erstauntes Nachfragen meinte sein Projektleiter, »das ginge schon«. Seine Aufgabe sei es zuerst, den aktuellen Stand der Logistikbranche darzustellen: Welche Themen werden gerade intensiv diskutiert? Wie entwickelt sich der Markt? Als Recherchegrundlage sollte sein PC mit Internetanbindung dienen – und das Ergebnis als achtseitige Präsentation erarbeitet werden.

Nach anfänglicher Skepsis hat Sven via Google entsprechende Branchenportale besucht und viele Artikel und Programme von Fachsymposien studiert – und daraus eine umfangreiche Zusammenstellung erarbeitet. Wider Erwarten wurde seine Präsentation nicht in der Luft zerrissen, sondern sogar als so hilfreich erachtet und vom Kunden mit positivem Feedback bedacht, dass die Beratungsfirma beschloss, diese Zusammenstellung in Form eines »Marktradars Logistik« regelmäßig zu veröffentlichen. Sven sieht dieses Projekt als Chance, mittelfristig sein Thema zu besetzen und sich damit in der eigenen Firma eine Expertenposition aufzubauen. Wenn es gut läuft, hat er in einem Jahr ein bis zwei Praktikanten, die er zwei Wochen lang damit beschäftigt, dieselben Quellen abzugrasen, die er aufgetan hatte – und vielleicht einige weitere zu suchen. Das Marktradar könnte ein gutes Verkaufsargument werden und eine Möglichkeit bieten, mit vielen hoch qualifizierten Entscheidern von Kunden ins Gespräch zu kommen. Sven hat eine glänzende Karriere vor sich.

Unternehmensberater sind handverlesene Persönlichkeiten, die durch ein aufwendiges Bewerbungsverfahren von den Personalabteilungen der Beratungsfirmen aus einem nicht enden wollenden Zustrom junger Absolventen ausgesiebt werden und sich mindestens durch Exzellenz auszeichnen sollen. Da die erste Bewertung in den Personalabteilungen meistens a) nicht von Beratern und b) oft sogar von Praktikanten vorgenommen wird, geht es also darum, bereits beim ersten Eindruck nicht den allergeringsten Zweifel an der eigenen Exzellenz aufkommen zu lassen.

Wenn Sie schon zu den Glücklichen mit einem Arbeitsvertrag gehören, haben Sie diese Hürde zweifellos genommen. Allen anderen mag der folgende Abschnitt einen Einblick in das geben, was Sie durchgemacht haben.

Irgendwann fängt jeder mal an. Für angehende Berater ist der Anfang eigentlich ganz einfach: Die großen Beratungen suchen ständig per Annonce nach den »besonderen Talenten«. Selbstredend gilt die Suche den 23-jährigen Einser-Schülern, die neben dem Studium auch noch ehrenamtliche Leiter einer – im Idealfall politisch unverfänglichen, aber engagierten – Jugendgruppe waren und damit soziale Verantwortung und Leitungskompetenz bewiesen haben, während die drei gewählten Studienfächer natürlich mit Auszeichnung bestanden wurden und am besten auch noch eine abgeschlossene Promotion die Ernsthaftigkeit des wissenschaftlichen Antriebs unterstreicht. Kommen dazu noch mindestens drei Fremdsprachen obendrauf (ganz heiße Kandidaten: Chinesisch (Mandarin oder Kantonesisch) und Arabisch), ist der Traum jeder Personalleiterin eines Beratungsunternehmens perfekt.

Dabei ist das Studienfach umso unerheblicher, je größer der Aufstiegswille des Aspiranten in einer Strategieberatung ist: Während für IT-Unternehmen eine gewisse Affinität zu Informatik und Mathematik, idealerweise aber auch zum Programmieren selbst unerlässlich ist, übernehmen die großen Beratungen selbstverständlich die Aufgabe und den Anspruch, aus jedem Physiker und Musikwissenschaftler per Crashkurs einen Experten in beliebigen Wirtschaftsfachfragen wie Finanzierungsinstrumenten oder Umstrukturierung zu formen. Schließlich zählt nur, dass der Kandidat nachgewiesen hat, dass er über eine überdurchschnittliche Auffassungsgabe verfügt und sich schnell in jede Problemstellung hineindenken kann. Um das zu überprüfen, wird er einem Auswahlverfahren unterzogen, in dem Case Studies eine wesentliche Rolle spielen.

Diese Case Studies bieten Problemstellungen in Form von Fallstudien, die bei vielen Bewerbungsgesprächen in der Beraterbranche üblich sind. Es gibt sie in der kurzen Form sogenannter »Brainteaser« (Gehirnwecker), zum Beispiel als Frage (»Wie viele Tankstellen gibt es in Deutschland?«) oder als ausführliche Problemstellung (»Wie begegnen Sie als Flugzeughersteller dem Auftreten eines neuen Konkurrenten am Markt?«), wobei es nicht auf ein exaktes Ergebnis ankommt, sondern auf den Lösungs- weg – auf Schnelligkeit, Stringenz und Logik sowie auf den Umgang mit eigenem Wissen und Informationsbe- darf. Deswegen ist dieses Auswahlmittel so passend für den Berateralltag: mit einem Problem konfrontiert wer- den, von dem man nichts weiß, für das man aber eine schlaue Lösung anbieten soll.

Dazu gehören natürlich einige wenige Grundinstru- mente wie Prozentrechnen, Dreisatz oder einfache mathe- matische Formeln, die man allerdings selbst bei handver- lesenen Hochschulabsolventen durchaus nicht immer als gegeben voraussetzen kann. (Machen Sie den Selbsttest: Wenn die Erde eine perfekte Kugel wäre, um die auf Höhe des Äquators ein Seil läge, um wie viel würde sich das Seil vom Äquator abheben, wenn man es um einen Meter ver- längert? Passt eine Maus hindurch? Wenn Sie auf einem See in einem Boot sitzen und von diesem Boot einen Stein ins Wasser werfen, was passiert mit dem Wasserspie- gel? Hebt er sich, fällt er, oder bleibt er gleich?)[5] Ein typi- scher Case aus Bewerbungsgesprächen lautet: »Die Auto- bahn Frankfurt-Wiesbaden wird privatisiert. Sie vertreten ein Bieterkonsortium und haben eine Chance, ein Gebot auf zehn Jahre Betrieb der Autobahn abzugeben. Welche Summe bieten Sie?«

Die typische Lösung: Stellen Sie zuerst Fragen, und tref- fen Sie Annahmen. Wie viele Autos verkehren pro Jahr auf der Strecke? Wie viele LKWs? Wie kann damit Geld ver- dient werden? Mit einer Vignette? Mit einer Maut? Das bietet Ihnen einen Ansatz dafür, wie viel Geld Sie auf der Einnahmenseite zur Verfügung haben werden. Was kostet Sie der Betrieb auf zehn Jahre? Was kostet der Unterhalt eines Kilometers Autobahn pro Jahr? Wie lange ist die

Strecke? Können Sie Nebengeschäft erwirtschaften, zum Beispiel mit Windparkanlagen auf dem Mittelstreifen? Sind die Raststätten und Tankstellen eingeschlossen? Können Sie weitere Rastplätze eröffnen?

Subtrahieren Sie die Ausgaben über zehn Jahre von der Einnahmeprognose und zinsen Sie das Ergebnis ab. Subtrahieren Sie 10 % Profitabilität, und Sie erhalten die Nettosumme, die Sie bieten können. Eigentlich ganz einfach und sogar in 20 Minuten zu lösen – sagt Ihnen der freundliche Recruiter.

Häufig finden solche Gespräche nicht auf den anonymen Fluren der (wenig bevölkerten) Büros der Beratungsfirmen statt, sondern gerne auch auf sogenannten »Recruiting-Events«. Das Besondere dieses Berufsstandes wird den Bewerbern schon dadurch vermittelt, dass eine Gruppe aussichtsreicher Kandidaten – nach einem ersten Auswahlverfahren anhand eingesandter Lebensläufe – an »aufregende« Orte eingeladen wird: nach Wien, Mallorca, Portugal oder in die Toskana. Die Kosten für den Flug übernimmt natürlich der potenzielle Arbeitgeber. Mitunter wartet am Flughafen schon einmal eine Stretch-Limousine auf die Youngsters, um die teilweise frisch gebackenen Uniabsolventen standesgemäß zum ersehnten Ziel zu bringen – an einen Ort mit Renommee, gutem Hotel (vier Sterne sind das Mindeste) und mitunter einem ganzen Wochenende Bespaßung. Schließlich geht es nicht nur um die fachliche Qualifikation, sondern auch um den sozialen »Fit«: Wer sich vor Augen führt, dass er mit diesen zukünftigen Kollegen mehr Zeit verbringen wird als mit seiner Familie oder seinen Freunden, legt Wert darauf, dass man auch miteinander Spaß haben kann. Also wird dieser Spaß mit Quads, Rafting, Weinlese oder Spielplatzbau simuliert – wobei man die Teilnehmer genau beobachtet. Wer verhält sich wie? Zeigen sich Führungspersönlichkeiten, die die Initiative übernehmen? Wer wird schnell eingeschüchtert von der Glitzerwelt mit Whirlpool im Zimmer, drei Bestecksets um den Teller und mehreren Gläsern auf dem Tisch? Und nicht zuletzt: Wer kann sich auch in den Auswahlgesprächen gut verkaufen?

Wer dann die harten Klippen solcher Auswahlgespräche genommen hat, dem steht der Weg in die gesicherte Karriere offen: der Eintritt in die Religionsgemeinschaft der Effizienzgläubigen.

Berater sein: Mythen und Unmythen über das Beratertum

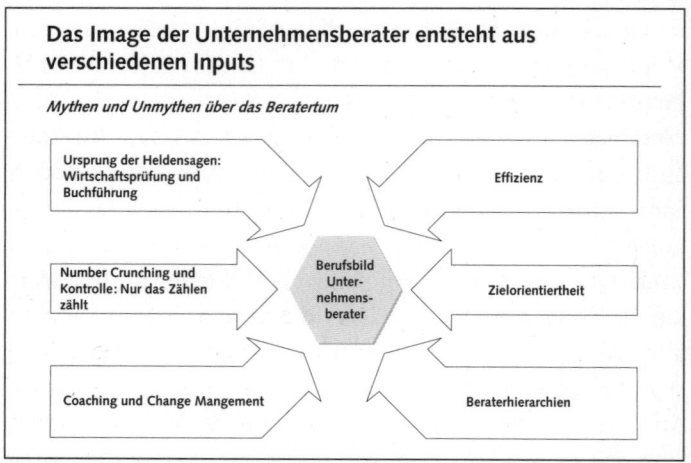

Abbildung 2: *Mythen und Unmythen über das Beratertum*

Wozu braucht man Unternehmensberater? Wie sah die Welt aus, bevor es sie gab? Allgemein gelten sie als eine

Kaste, die durchaus von einem gewissen geheimnisvollen Ruf umflort ist. Diese Vorstellungen setzen sich aus geschichtlichen Bildern, Erfahrungen aus erster und zweiter Hand sowie aus medialen Aufbereitungen und Widerspiegelungen zusammen. Einige der bekanntesten dieser Mythen sind hier zusammengetragen – jedoch erhebt diese Ansammlung keinen Anspruch darauf, MECE[6] zu sein.

Ursprung der Heldensagen:
Wirtschaftsprüfung und Buchführung

Sekten brauchen Götter. Diese hier sind noch gar nicht mal so alt, und jeder kennt ihre Namen: James Oscar McKinsey (1889–1937) wollte eigentlich Lehrer werden, arbeitete dann aber in einem Anwaltsbüro, wo er Unternehmen in Fragen der Buchführung beriet. Nebenbei lehrte er Rechnungswesen an der Universität Chicago. McKinsey kam auf die Idee, ein Unternehmen nicht nur in Buchführungs- oder Steuerfragen zu beraten, sondern eine Managementberatung anzubieten, für die er eigene Methoden entwarf. Neben der Abwicklung der gesetzlich vorgeschriebenen Buchhaltung war sein Ziel vor allem die Steigerung der Wettbewerbsfähigkeit der beratenen Unternehmen. Die Mitarbeiter von McKinsey gelten zwar als die Stars ihrer Zunft, werden dennoch meistens recht abschätzig auf »Meckies« verkürzt. (Mancher mag den Ursprung des Spitznamens auch in dem unter McKinsey-Angestellten verbreiteten Igel-Haarschnitt vermuten. Aber seien Sie versichert: Dieser Haarschnitt ist einfach nur praktisch, weil er lange vorhält und Friseurtermine am Wochenende schlecht zu bekommen sind.)

Arthur Andersen (1885–1947), ehemals Professor für Unternehmensrechnung, gründete sein Unternehmen

3 durch die Übernahme der Audit Company of Illinois und deren Umbenennung in Andersen, Delaney & Co, die ab 1918 als Arthur Andersen & Co firmierte. Sein Name zierte die Arthur Andersen & Co. Wirtschaftsprüfung mit ihrem seit 1989 angeschlossenen Zweig Andersen Consulting, der seit 2001 den Namen »Accenture« führt (von Übelwollenden auch gerne als »Accidenture« verballhornt) und unter den 100 wertvollsten Marken der Welt als einzige Unternehmensberatung zu finden ist.

Beide Götter kommen aus der nicht gerade für Aufregung und Sexyness bekannten Welt des Rechnungswesens. Ihre »Religion« folgt damit dem klassischen »amerikanischen« Kapitalismus, der, anders als das europäische (und vor allem deutsche) Bild des Wirtschaftens, vor allem durch die Person des »Managers« geprägt ist und nicht durch einen Ingenieur, der aus Leidenschaft zu seinen Erfindungen ein erfolgreicher Unternehmer wird. Die Folgen sind weitreichend: Während der europäische Unternehmer-Ingenieur wie Robert Bosch oder Werner von Siemens dem Produkt verhaftet ist und eine stetige Produktverbesserung sucht, »verwaltet« der amerikanische Manager möglichst effizient den wirtschaftlichen Ablauf.

Das bringt zwei wesentliche Grundeinstellungen mit sich: Kern der Managementaufgabe ist die Optimierung des Bestehenden. Wo der Unternehmer aktiv und kreativ neue Möglichkeiten sucht, ein Produkt herzustellen und zu vermarkten, zeichnet sich der gute Verwalter durch Zuverlässigkeit und Effizienz aus. Darüber hinaus ist der Manager als Verwalter prinzipiell branchenunabhängig, das heißt, er kann in jeder wirtschaftlichen Einheit eingesetzt werden. Seine Fähigkeiten und Kompetenzen liegen vor allem in der übergeordneten Analyse und Strukturierung von Problemsituationen und Entscheidungen. Das unterscheidet ihn vom Unternehmer: Der Manager ist nicht von einer unternehmerischen Vision getrieben, nicht von dem Anspruch, die Welt zu verbessern, sie zu bereichern, in ihm steckt nicht die Motivation, die Verhältnisse zu ändern – nur insofern, als er eben eine Verbesserung dessen anstrebt, was er vorfindet. Daraus können durchaus auch Unternehmen entstehen, aber der Manager bleibt immer einem Auftraggeber, einem Eigner verhaftet – und agiert nicht gegen die Widerstände einer Horde Ungläubiger, denen gegenüber der Glaube an die eigene Idee durchgesetzt werden muss. Statt der Idee treibt den Manager etwas anderes an: der Glaube an die Effizienz.

Effizienz

Berater als Prototypen der Manager sind auf Optimierung getrimmt: Der Kern ihrer »Religion« ist der Glaube an das »Minimax«-Prinzip. Die entscheidende Kennzahl dazu ist in Wikipedia so beschrieben:

Effizienz (v. lat.: *efficere* »bewirken«) ist das Verhältnis zwischen der Größe der erbrachten Leistung und der Größe des Aufwandes.

Oder, wie Berater sagen würden: Effizienz ist das Verhältnis von Input zu Output. Interessant dabei ist, dass entgegen der verbreiteten Annahme, man solle mit minimalem Einsatz die maximale Wirkung erzielen, in den Wirtschaftswissenschaften die Effizienz entweder nur als Minimalprinzip beschrieben wird – also mit minimalem Einsatz ein gegebenes Ziel zu erreichen – oder als Maximalprinzip, nach dem mit einem gegebenen Ressourcenpool ein maximales Ergebnis angestrebt wird. Beide Faktoren des Verhältnisses gleichzeitig zu optimieren, führt zu ungeplantem und unplanbarem Handeln, weil keine festen Vorgaben mehr postuliert werden können: Die endgültige Steigerung des Minimax-Prinzips wäre schließlich die Formulierung, mit nichts alles erreichen zu wollen. In der Praxis wird daher in der Regel ein Faktor als limitiert angesehen, und die Anstrengungen konzentrieren sich dann auf eine Erhöhung des Outputs oder auf Reduktion des Ressourcenverbrauchs im Produktionsprozess. (Sollten Sie es dennoch geschafft haben, gleichzeitig die eingesetzten Mittel auf null zu minimieren UND dabei den produktiven Ausstoß zu erhöhen, melden Sie dich bitte beim Autor, der Ihnen gerne bei der Bewerbung um den Nobelpreis behilflich ist.)

Zielorientiertheit

Die schönste Optimierung von Input und Output nützt nichts, wenn der Output nicht definiert ist. Unternehmensberater beraten im Hinblick auf eine Zielerreichung, und sie denken und handeln dementsprechend auch zielorientiert, oder besser: ergebnisorientiert. Nichts ist unangenehmer für einen Berater als der Vorwurf eines Kunden nach einer Sitzung, eben habe ein »AUM« stattgefunden – »another useless meeting«. Berater sind deswegen bestrebt, bei Arbeitstreffen sofort mit dem erwarteten Ergebnis zu beginnen: Was soll eigentlich erreicht werden?

Und was für die einzelnen Sitzungen gilt, findet sich ebenso im Verhältnis zum Kunden wie auch im eigenen Leben: Wichtig ist, was hinten herauskommen soll. Je höher das Niveau der Beratung angesiedelt ist, desto seltener lassen sich Berater nach Zeit bezahlen, sondern vereinbaren fixe Gesamtsummen für Ergebnisse. Natürlich liegt dem eine Berechnung zugrunde, wie viele Tage wohl benötigt werden, um das Ergebnis zu erbringen, aber dennoch behalten sich die Berater vor, auch in kürzerer Zeit mit einer cleveren Idee für eine bahnbrechende Erkenntnis zu sorgen und dennoch das volle Salär einzustreichen. Schließlich sollte gelten: Man wird nach Leistung bezahlt und nicht nach Anwesenheit.

Im Privatleben bereitet eine solche Zielorientiertheit manchmal Probleme, sowohl im individuellen wie auch im zwischenmenschlichen Bereich. Der Versuch einer Formulierung dessen, was man im Leben will, treibt Heerscharen in die Arme von Therapeuten, und Partner/innen reagieren auf allzu viel Zielstrebigkeit nicht selten verstört, etwa wenn das Urlaubsziel nach der Chance auf beruflich gewinnbringende Kontakte ausgewählt wird.

Für das Miteinander von Beratern in einem Unternehmen ergibt sich aus der Ausrichtung auf Ziele: Leistung zählt. Um dieses Leistungsprinzip auch auf organisatorischer Ebene abzubilden, sind Beratungen oft in der amerikanischen Gesellschaftsform einer Partnerschaft organisiert, in der eine Handvoll gleichberechtigter Inhaber in einem »partnerschaftlichen Verhältnis« (allerdings meist ohne Intimitäten) untereinander gleichgestellt für verschiedene Bereiche zuständig sind. Das Einkommen dieser Partner bemisst sich maßgeblich nach dem Ertrag ihres Bereiches.

Jedem Partner untersteht eine eigene Truppe an Mitarbeitern, für die er Personal- und Führungsverantwortung übernimmt. Im Idealfall ist der Partner ein alter Hase mit viel Branchenerfahrung, die ihm hilft, Probleme bei Kunden in der Wirtschaft zu erkennen und mithilfe seiner Mitarbeiter Lösungskonzepte anzubieten. Die Mitarbeiter profitieren vom Wissen und den Kontakten dieser alten Haudegen, werden sie doch so mit abwechslungsreichen Aufgabenstellungen versorgt. Da jeder Partner an seinen

Mitarbeitern mitverdient und somit am Projekterfolg der gesamten Mannschaft beteiligt ist, lautet das Karriereziel aller jungen Hunde: Partner werden.

Number Crunching und Kontrolle: Nur das Zählen zählt

Die moderne Managementlehre und damit auch die Grundsätze der Unternehmensberatung gehen maßgeblich auf die wirtschaftswissenschaftlichen Überlegungen von Peter F. Drucker zurück, einem amerikanischen Ökonom mit österreichischen Wurzeln (1909–2005). Drucker hat in seinen Werken die Basis für viele Ansätze und Methoden gelegt, die von Unternehmensberatern umgesetzt werden, unter anderem für »Management by objectives«, mit der er Zielvorgaben als Motivations- und Steuerungsgrößen für die Führung im Unternehmen etabliert hat. Er gilt auch als Vorreiter des »Business Process Reengineering«[7], der »Wertstromanalyse«[8] und der Qualitätsmanagement-Methode »Six Sigma«[9].

Mit Zitaten wie »If you can't measure it, you can't manage it« wird Drucker auch als Vorreiter für die Verbreitung der Informationstechnologie (IT) in Unternehmen gesehen: Firmen wie SAP[10] haben auf der Grundlage dieser Aussage versprochen, Informationen »auf Knopfdruck« verfügbar zu machen. Der Siegeszug der Datenverarbeitung – moderner eben: IT – beruht auf diesem Ansatz der Kontrolle von Informationen auf Basis zähl- und messbarer Werte.

Der Kern der Beratermethodik besteht demzufolge darin, etwas messbar zu machen. Das betrifft insbesondere die sogenannten »weichen« Faktoren, also Dinge, die eigentlich nicht zählbar sind – wie ein deutscher Autobauer in einer Stellenanzeige für die interne Beratung formuliert hat: »Sie können Sachverhalte mit einer Zahl ausdrücken.« Erst die Reduktion und Durchdringung komplexer Sachverhalte nach quantifizierbaren Gesichtspunkten erlaubt die Anwendung von Vergleichen und statistischen Methoden, mit denen viele Beratungsansätze die Kontrolle über Entscheidungsprozesse zu erlangen versuchen. Diese Reduktion auf messbare Zahlen und vergleichbare Fakten stellt das Rückgrat der sogenannten »ergebnisorientierten Beratung« dar, und strategische Unternehmensberatung zielt genau auf diese Dienstleistung: die Unterlegung einer Entscheidung mit messbaren, abwägbaren Kriterien und damit den Ersatz von Intuition und Erfahrung durch – zumindest scheinbar – kontrollierbare Größen.

Ein typisches Beispiel ist die Risikoquantifizierung bei Entscheidungen: Größere Veränderungsprozesse wie die grundlegende Restrukturierung eines Unternehmens gehen mit Unsicherheiten bei der Belegschaft einher, was nicht selten dazu führt, dass gerade die wichtigen, erfahrenen Mitarbeiter, die als »Know-how-Träger« wesentliches Wissen des Unternehmens verkörpern, die Kündigung einreichen. Dieses »Risiko von Know-how-Verlust« wird meist dergestalt in Zahlen gegossen, dass die Kosten für die Ausbildung von bisher unerfahrenen Mitarbeitern oder den Einkauf externer Dienstleistung aufgestellt werden (»Was würde es kosten, wenn wir statt dem Kollegen XY jemanden anheuern müssten, der seinen Job übernimmt?«). Hierbei stellt sich beispielsweise das Problem, dass sich für alte Maschinen gegebenenfalls überhaupt kein Experte mehr auf dem freien Markt finden lässt. Immerhin ist damit aber dieses Risiko mit einer Zahl versehen und kann so mit anderen Maßnahmen verglichen werden (zum Beispiel Bezahlung einer Extra-Prämie für die »wertvollen« Mitarbeiter).

Verständlicherweise stößt diese Methode an Grenzen:

dort, wo aufgehört wird zu messen und zu zählen, wo bestimmte Aspekte unberücksichtigt unter den Tisch fallen oder nicht vergleichbar sind. Für den Personalabbau werden die berüchtigten Sozialpläne aufgestellt, in denen dann auch Faktoren berücksichtigt werden müssen wie: hat Frau und vier Kinder oder eine pflegebedürftige Mutter – sofern dafür die Zeit bleibt.

Grundstruktur dieser Methodik ist die ökonomische Bewertung aller Sachverhalte. Mathematisch basierte Methoden wie das oben erwähnte Six Sigma sind sogar explizit nur dann anwendbar, wenn alle Einflussfaktoren auch quantitativ messbar sind. Da menschliche Erfahrung schwer zu messen ist (zum Beispiel nur über den oben erwähnten Umweg des Aufrechnens einer neuen Ausbildung), und Faktoren wie Persönlichkeit, Motivation und Enthusiasmus sich jeglicher Quantifikation entziehen, ergibt sich bei der ergebnisorientierten Beratung ein blinder Fleck: Was sich nicht in Dollar ausdrücken lässt (oder eben, was aus Zeit- oder Ressourcengründen bei der Betrachtung nicht berücksichtigt wird), ist von der Analyse ausgenommen.

Diese Methode hat einen erheblichen Vorteil: sie schafft zumindest vermeintliche Objektivität und Sicherheit. Durch die Eliminierung aller zu komplexen Tatbestände und die Reduktion auf anonyme Zahlen verschwinden Begriffe wie Ethik und Verantwortung hinter der Unbestechlichkeit mathematischer Formeln. Neudeutsch ausgedrückt: »I can't do anything about it, but that's what the numbers say.« Merke: Die Feigenblätter der Berater sind aus Zahlen gemacht. Wer daraus allerdings die Idee ableitet, dass Unterwäsche mit Zahlenaufdruck ein gutes Weihnachtsgeschenk für Berater wäre, schießt mit seinem Einfühlungsvermögen unter Umständen übers Ziel hinaus. In intimen Bereichen und in Beziehungen wird – anders als im Umfeld professionellen Arbeitens – die Reduktion auf nüchterne Faktoren schnell als angsteinflößender Wettbewerbsdruck enttarnt. Und wer glaubt schon: »Size doesn't matter« ...

Coaching und Change Management

Den blinden Fleck der ergebnisorientierten Beratung, der darin besteht, dass hinter den Zahlen der Mensch verschwindet, versuchen sogenannte prozessorientierte Beratungsansätze wie Coaching zu umgehen. Ausgehend von der Organisations- und Persönlichkeitsentwicklung haben sich coachingorientierte Ansätze im Bereich Change Management etabliert, in dem es um die Bewältigung von Veränderungsprozessen bei den Betroffenen geht. Im Gegensatz zum ergebnisorientierten Ansatz sind hier keine endgültigen Zielpunkte definiert, die erarbeitet werden müssen, sondern der Berater versteht sich als Begleiter durch einen Prozess der persönlichen Veränderung. Hardcore-Analysten, die der Meinung sind, wenn etwas nicht zählbar gemacht wird, kann es nicht verglichen werden und sei daher als Entscheidungsgrundlage unbrauchbar, ordnen solche Ansätze gerne abschätzig der Kategorie »Händchenhalte-Consulting« zu.

Beraterhierarchien: Ich bin besser als du

Unternehmensberater lassen sich natürlich nicht nur in ergebnisfixierte Zahlenbeißer und verständnisvolle Händchenhalter unterscheiden. Da die Berufsbezeichnung »Unternehmensberater« in Deutschland nicht geschützt ist, sondern es sich um einen sogenannten »freien Beruf«

handelt, ist es ein sehr einfacher Schritt, sich als Unternehmensberater selbstständig zu machen: Ein Gang zum Finanzamt, wo man eine Steuernummer als Unternehmensberater beantragt, und schwupps, schon können Rechnungen geschrieben werden (vorausgesetzt, es gibt den ein oder anderen Kunden ...). Somit tummeln sich von Feng-Shui-Beratern bis hin zur »holistischen Unternehmensberatung« eine ganze Reihe bunter Vögel im weiten Feld der Klein- und Kleinstberatungen.

Die Riege derer, die sich lieber in die warmen Arme großer Organisationen begeben, lassen sich grob in Strategie-, IT- und Organisationsentwicklungs(OE)-Berater sowie Wirtschaftsprüfer unterteilen:

Ganz oben: Strategen

Strategieberater sind die Alleskönner auf hohem Niveau – ihre fachliche Ausrichtung ist zu Beginn der Karriere weniger wichtig als der Nachweis exzellenter Aufnahmefähigkeit, Analysestärke und strukturierten Denkens – vulgo: die Fähigkeit, den Wald vor lauter Bäumen noch sehen und ihn im Querformat auf Slides (neudeutsch für die Folien einer PowerPoint-Präsentation) abbilden zu können. Mit dieser Kompetenz werden sie gerne angeheuert, wenn ein Unternehmen in Schwierigkeiten steckt oder vor großen Entscheidungen steht:

Nick (30) hat in den sechs Jahren bei einer großen Strategieberatung bereits alle wesentlichen Stationen eines Beraterlebens durchlaufen: Die firmeninterne Ausbildungsstätte in den USA, in der er gleich zu Beginn seiner Karriere mit 40 anderen »Frischlingen« für die Karriere gestählt wurde und einige gute Freunde gefunden hat, mit denen er heute noch täglich via E-Mail oder Skype Kontakt hält.

Eine Auswahl typischer Projekte: eine globale Software-einführung in einem internationalen Automobilkonzern, mit deren Hilfe der Bestellprozess für Händler vereinfacht werden sollte (obwohl viele hinterher meinten, er sei viel komplizierter geworden). Die Rettung einer Firma in Schieflage (ein sogenannter »Turnaround«) im Auftrag eines Hedgefonds, der einen Nahrungsmittelhersteller gekauft hatte und diesen durch »Restrukturierung« auf mehr Profit durch weniger Personal und mehr Umsatz trimmen ließ, eine Expansionsstrategie für ein Telekommunikationsunternehmen, das die üppigen Gewinne der letzten Jahre für den Erwerb anderer Firmen im Ausland verwenden wollte, und die Zerschlagung eines Maschinenbaukonzerns, der den Verkauf eines Teils seiner Firmengruppe plante, um einen überlebensfähigen, profitablen Rest zu erhalten.

Darüber hinaus natürlich unzählige Hotel- und Flugzeuginterieurs und die jährlichen Weihnachtsfeiern inklusive seines im angetrunkenen Zustand gerne singenden Chefs sowie der Unterwäschenmarke einer attraktiven Kollegin (leider einmalig).

Strategieprojekte bewegen sich auf Top-Management-Niveau, wenn es um klassische Restrukturierungen geht (meist verbunden mit Personalabbau), um Expansion oder um erhebliche Veränderungen in einem Konzern. Strategieberater werden auch gerne als die »bösen Jungs« eingesetzt, um »Druck zu machen«, also um Unzulänglichkeiten der eigenen Unternehmensleistung vor allem im mittleren Management auszugleichen und wichtige Projekte gezielt voranzutreiben. Da die Sponsoren dieser Projekte in der Regel auf Vorstandsebene zu finden sind, genießen Strategieberater bei diesem Job als »Wadenbeißer« oft ein hohes Maß an Rückendeckung, müssen sich aber darauf einstellen, für unliebsame Maßnahmen gegenüber der Presse auch die Rolle des Bösewichts zu spielen. Der Name der Beratungsfirma wird dann gerne zusammen mit einer extremen Empfehlung lanciert, gegenüber der sich die tatsächlichen Maßnahmen des Vorstandes als geradezu wohltuend zahm und mitfühlend kommunizieren lassen.

So kann sich der Vorstand des Automobilkonzerns, der verlauten lässt, dass anstatt der von einer externen Strategieberatung bekannten Namens empfohlenen 5000 Stellen »nur« 3000 abgebaut werden, im Ruhme des sozialen Rufs sonnen und sich von Kanzler/in und Gewerkschaftern auf die Schulter klopfen lassen – hat er doch angesichts nachgewiesener wirtschaftlicher Not die milde Ader des fürsorgenden Unternehmers hervorgehoben, der Verantwortung für seine Mitarbeiter übernimmt. Von den verbleibenden 2000 Mitarbeitern werden natürlich Zugeständnisse verlangt – schließlich können sie froh sein, dass ihr Arbeitsplatz erhalten bleibt.

Zu den großen Strategieberatungen, auch Managementberatungen genannt, gehören unter anderem McKinsey, Boston Consulting Group, Booz Allen Hamilton, A.T. Kearney sowie Roland Berger Strategy Consultants. Sie sind diejenigen, die im Western die schwarzen Hüte und langen Mäntel tragen würden: sie tauchen aus dem Nebel auf und räumen im beschaulichen Kleinstädtchen der warmen Konzernbehaglichkeit mit eiserner Faust auf, bevor sie wieder im Abendrot verschwinden.

Strategieberater gelten gemeinhin als die Überflieger (neudeutsch »Hi-Flyer«), also diejenigen mit den höchsten Tagessätzen, den First- und Businessclass-Tickets und den längsten Arbeitszeiten. Wenn Sie einem Menschen Ende dreißig begegnen, der Ihnen von seiner Beraterkarriere erzählt und den ersten Schlaganfall schon hinter sich hat, dann war er wahrscheinlich in einer Strategieberatung tätig und hat den Druck von Vorstandspräsentationen, die über Nacht noch vorbereitet werden müssen, während in einem anderen Projekt gerade Konflikte auftreten, selbst mehr als einmal erlebt.

→ Wenn Sie Berater kennen:

Falls sich in Ihrem Bekanntenkreis ein sportlich-dynamischer, meist unauffällig gut gekleideter Kontakt findet, dem man – falls männlich – ansieht, dass er sich nonchalant den Krawattenknoten blind binden kann (und das in verschiedenen Varianten), oder, falls weiblich, dass sie sich in Kostümchen und hohen Schuhen trotzdem schnell und wendig bewegen kann, dann achten Sie doch beim nächsten Gespräch einmal darauf: Reagiert Ihr Bekannter/Ihre Bekannte auf die Frage »Komisches Wetter heute, oder?« mit einer Analyse der Wetterdaten unter Berücksichtigung des Vergleichszeitraums im Vorjahr? Spricht er/sie ein Sprachgemisch, das Sie erst nach und nach als Konglomerat aus englischen Wörtern verbunden mit Deutsch als »Bindemittel« identifizieren können? Sofern er/sie sich, darauf hingewiesen, entschuldigend mit »Manchmal finde ich den englischen Begriff einfach schneller« erklärt, sollten Sie gewahr sein, dass Sie womöglich jemanden vor sich haben, der sein Geld in einer Strategieberatung verdient.

Da sich Strategieberater wenn schon nicht selbst als Elite, so doch wenigstens als die Dienstleister für die Eliten verstehen, rechnen Sie in der Konversation mit einer schnellen Abfolge von zielgerichteten Fragen und einer überraschenden Erkenntnis als Schlussfolgerung. Achten Sie darauf, wie effizient er/sie sich bewegt: Mit Sicherheit wird der Weg zur Bar erst kurz taxiert und dann blitzschnell abgewogen, ob es einen Zeitvorteil bringt, quer über die Tanzfläche abzukürzen oder doch lieber einmal drumherum zu gehen, ohne sich einen Weg durch die Menge bahnen zu müssen.

Neben den bereits erwähnten Flughafenlobbys, Autovermietungen und – selten – in der ersten Klasse des ICE haben Sie gute Chancen, solche Menschen auch gelegentlich im Golf- oder Segelclub, auf Sylt oder den Malediven oder in gehobenen Fitnessstudios zu treffen. Am allerhäufigsten aber natürlich im Hotel.

Strategieberater sind die Jungs (oder seltener: Mädels), denen Sie ohne mit der Wimper zu zucken zutrauen würden, bereits in jungen Jahren Klassen- oder Schulsprecher gewesen zu sein – Ausdruck ihrer professionellen Ausstrahlung, die Ihnen vermitteln soll, dass eine Entscheidung in guten Händen liegt. In der Tat haben viele von ihnen bereits bei Praktika oder in studentischen Unternehmensberatungen Erfahrungen gesammelt, bevor sie das Auswahlverfahren ihres Arbeitgebers erfolgreich absolvierten.

Arbeitsbienen: IT- und Prozessberater

Auch die Strategieberater können sich – den Ideen Peter F. Druckers sei Dank – immer weniger dem Einfluss der IT entziehen. Selbst Top-Management-Beratungsprojekte erfordern mittlerweile eigene Systeme, die entweder gebraucht werden, um die Maßnahmen später umzusetzen, oder die Bestandteil des Projektes selbst sind: kein Zusammenschluss (Merger) zwischen zwei Unternehmen ohne genaue Betrachtung der IT-Landschaften, keine Kostensenkungsinitiative ohne Reduzierung der IT-Kosten.

Doch selbst auf der Managementebene darunter hat sich im Kielwasser des weltweiten Siegeszuges von SAP und seiner Epigonen eine vollkommen neue Kaste in Unternehmen etabliert, die von der Komplexität der IT lebt: IT- und Prozessberater. Ihre Aufgabe besteht in der »Digitalisierung« von Unternehmensabläufen, das heißt in der Umsetzung von Geschäftsprozessen in Systeme, mit deren Hilfe diese Prozesse optimiert werden. Projekte dieser Art – typischerweise große »Rollout«-Projekte, bei denen Unternehmenssoftware wie SAP oder andere ERP-Lösungen auf das Unternehmen angepasst und schrittweise in den Abteilungen oder Regionen eingeführt werden – erfordern nicht nur IT-Spezialisten, die Systeme entsprechend einrichten können, sondern umfassen die gesamte Projektstruktur vom Projektmanagement über Prozess-Spezialisten, die mit der Branche vertraut sind und die Prozesse modellieren können, bis hin zu Programmierern, die fehlende Teile im System individuell ergänzen.

Weil Projekte dieser Art lange laufen und einen hohen Personalaufwand einschließen, sind sie für Beratungsunternehmen ausgesprochen lukrativ. In den 90er-Jahren waren SAP-Projekte einer der Haupttreiber des Beratungsbusiness, und noch heute sind solche Projekte für Beratungshäuser wie SAP selbst, Accenture oder Capgemini das »Brot und Butter«-Geschäft. Outsourcing-Projekte sind von ähnlicher Dimension, sodass auch dieser Bereich von den genannten Unternehmen abgedeckt wird – flankiert von IT-Spezialisten wie HP-EDS oder IBM, die ihre Mitarbeiter auch »Berater« nennen.

Die IT-Berater stellen heute die Hauptmacht der beratend Tätigen dar – man könnte sie mit modernen Tagelöhnern vergleichen, die monate-, manchmal jahrelang den Einsatz auf Projekten fern ihres Wohnortes auf sich nehmen. Im Gegensatz zu den Strategen dürfen sie sich aber über mehr Konstanz freuen – und manchmal sogar über Arbeitsverträge, nach denen Überstunden ausgezahlt werden. Dafür liegt das Gehaltsniveau entsprechend den geringeren Tagessätzen, die der Kunde zu zahlen bereit ist, auch deutlich unter den Honoraren der Top-Management-Beratungen.

Das Klischee vom technikverliebten Computerfreak findet in dieser Kategorie seine deutlichste Bestätigung – die wenigen Kandidatinnen spiegeln die Frauenquote der Informatikstudiengänge wider. Da das Aufgabengebiet allerdings nicht oder nur zu einem kleinen Teil aus Programmieren besteht, sondern hauptsächlich darin, Abläufe so darzustellen, dass sie technisch abgebildet werden können, diffundieren auch Controlling-, Buchhaltungs-, HR- und sonstige Prozess-Experten (und damit auch Expertinnen) in die Riege der IT- und Prozessberater ein – und heben das Männer/Frauen-Verhältnis.

Roland (36) hat sich nach zehn Jahren in der IT-Beratung selbstständig gemacht. Schon während des Informatikstudiums hat er nebenbei für eine Steuerkanzlei ein Abrechnungsprogramm geschrieben, danach kam er zu einer größeren IT-Beratung, die ihn zu mehreren Lehrgängen zu SAP nach Walldorf geschickt hat, weshalb er sich heute mit einigen Zertifikaten als Experte für das SAP-Modul »Finanzbuchhaltung/Controlling« ausweisen darf. Insgesamt fünf Jahre brachte er anschließend im Auftrag seiner Beratungsfirma bei einem großen Konzern damit zu, die Software aller Landesunternehmen auf einen gemeinsamen Kontenrahmen zur Bilanzerstellung anzupassen und das Berichtswesen so zu optimieren, dass sämtliche Anforderungen der Börsenaufsicht an die Jahresberichte eingehalten werden. Da der Konzern nach diesen fünf Jahren aufgekauft und zerschlagen wurde, passte er das entworfene System für das neu entstandene Tochterunternehmen an und betreute ebenfalls den Start des weltweiten Einsatzes, den sogenannten »Rollout«.

Mittlerweile fühlt er sich im Arbeitsumfeld seines Kunden integriert, feiert die betriebsinternen Sommerfeste mit und wird zu Teamausflügen eingeladen – nur bei den Betriebsratswahlen ist er außen vor. Auf Drängen seiner Frau hat er den Schritt gewagt, seine Arbeitskraft dem Kunden direkt anzubieten, nachdem er sich abgesichert hatte, dass dies von seiner bisherigen Beraterfirma geduldet wird. Da der für ihn zuständige Partner aber sowieso gerade im Streit mit den anderen Partnern aus dem Unternehmen ausgeschieden ist, hatte er die Chance ergriffen, sich den Wechsel absegnen zu lassen – für seinen Chef eine willkommene Gelegenheit, seinen Geschäftspartnern noch ein wenig zu schaden, und für Roland endlich der Weg, dem Kunden selbst den vollen Tagessatz in Rechnung stellen zu können.

Manchmal fragt er sich zwar, ob er sich nun als Angestellter des Kunden immer noch als Berater oder als Unternehmer fühlt, aber der Betrag auf den Rechnungen, die er am Ende des Monats stellt, hilft ihm, solche Fragen schnell abzuhaken. Nach der Geburt seines zweiten Sohnes konnte er entspannt Elternzeit beantragen und trotzdem sicher sein, dass er weiterhin von seinem Kunden beauftragt wird. Schließlich versteht außer ihm niemand, wie man einen neuen Report generiert, vulgo: wie man der Software beibringt, welche Zahlen man gerne in welcher Zusammenstellung ausgedruckt hätte.

→ Wenn Sie Berater kennen:

Einer Ihrer Bekannten wohnt mit Familie im eigenen Häuschen, fährt ein üppiges Auto und schwärmt Ihnen von »World of Warcraft« vor? Fragen Sie ihn, ob er in einer IT-Beratung arbeitet. Oder machen Sie den Test: Wenn er auf den Satz »Ich habe da ein Problem mit meinem Computer« sofort die Frage stellt: »PC oder Mac? Windows XP, Vista oder 7?«, dann haben Sie wahrscheinlich einen Volltreffer gelandet. Aber Vorsicht: Es besteht das Risiko des abrupten Abwendens, vor allem, wenn er schon ein schwarzes T-Shirt mit der Aufschrift »No, I will not fix your Computer« trägt. Schließlich gibt es eine Menge Zeitgenossen mit PC-Problemen, sodass sich ausgewiesene Experten vor Anfragen aus dem Bekanntenkreis kaum retten können. Ansonsten erkennen Sie IT-Berater auch daran, dass sie in ihrer E-Mail-Signatur auf ihren öffentlichen PGP-Schlüssel verweisen, mit dem ihnen verschlüsselte Mails geschickt werden können, das Telefonmodell regelmäßig alle zwölf Monate wechseln (wobei auf Nachfrage zu allen gängigen Modellen die Vor- und Nachteile referiert werden können) sowie an einer gewissen Vorliebe für Filme wie »Sneakers, die Lautlosen«, »23 – Nichts ist, wie es scheint« oder alle Arten von Science-Fiction.

IT-Berater sind überwiegend pflegeleicht, schließlich haben sie es geschafft, ihre leicht verschobene Sozialisierung durch extreme Technikkompetenz, die bisweilen Formen von leichtem Autismus annehmen kann, mit einem anständigen Beruf und einem ordentlichen Gehalt zu verbinden. Wenn dann noch die Klippe zwischenmenschlicher Kommunikation, die sich in der Berufswelt Gott sei Dank entweder ganz vermeiden oder wenigstens über den Rechner in E-Mails oder Chats kanalisieren lässt, im Privatleben durch eine/n verständige/n Partner/in überwunden wurde, ist für IT-Berater die Welt in Ordnung. Vergessen sind die verlorenen Konflikte mit den Alpha-Männchen in Schulzeit und Pubertät, weil sie längst durch das befriedigende Wissen ersetzt wurden, dass ebendiesen Alpha-Männchen das Konto durch Manipulation an Geldautomaten leergeräumt wird, während man selbst gegen alle Tricks und Kniffe gewappnet ist. Das eigene WLAN ist sicher verschlüsselt, die Passworte werden regelmäßig durch alle Charakternamen von Star Trek – Next Generation gewechselt (in Verbindung mit der Staffelnummer, in der sie erstmalig auftreten, sowie dem letzten Satzzeichen der ersten Textpassage, denn nur die Verbindung von Buchstaben, Zahlen und Sonderzeichen gewährt einen gewissen Schutz), und bei Eingabe der PIN an Automaten werden die Finger so unauffällig und flink bewegt, dass kaum ein Passant oder eine Kamera eine Chance hätte zu folgen.

Diese manchmal hervortretende Paranoia, die sich auch gerne in Form von Verschwörungstheorien äußert, macht es einem allerdings manchmal schwer, IT-Berater in einen größeren Freundeskreis zu integrieren. Schließlich müssen Sie damit rechnen, im Laufe eines Abends beim Small Talk plötzlich eines der Themen zu streifen, in dem sich die vereinzelten Kompetenzspitzen des leichten Nerdtums befinden, und schon startet ein halbstündiger Vortrag über wahlweise Rebsorten von Burgunderweinen, Charaktere in Italo-Western vor und nach Clint Eastwood oder die feinen Unterschiede verschiedener Ausgaben von Tarot-Karten seit Aleister Crowley. Wohlgemerkt, diese Themen sind auffälligerweise oft nicht technisch, sondern beweisen dem IT-Berater selbst gerade dadurch seine Sozialkompetenz: Seht her, ich kann auch mehr als Computer.

Human touch, please: »Changees«

Die Exotenrolle fällt den nicht-ergebnisorientierten Beratern zu, die prozessorientierte Ansätze bis hin zum Coaching verfolgen. In den großen Beratungen stellt diese Spezies eine Minderheit unter dem Label »Change Management« (deswegen lapidar als »Changees« bezeichnet), die mit der Kommunikation in Projekten und meistens auch mit Fragen der Personalentwicklung betraut ist. In diesem Segment der Personal- und Organisationsentwicklung (OE-Beratung) sind neben den entsprechenden Abteilungen der großen Namen überwiegend viele kleinere Beratungen zu finden, weil die Kundenbeziehungen weniger durch große Projekte, sondern eher durch persönliche, langfristige Bindungen geprägt sind.

An der Schnittstelle zum »personal coaching« kann dieses Beratungsformat durchaus bis hin zum esoterischen Selbstfindungstrip führen – auch der Begriff »Coach« ist in Deutschland nicht geschützt. So kommt es, dass an vielen unscheinbaren Einfamilienhäusern oder Wohnungsklingeln die Bezeichnung »Coach« prangt – wahlweise auch »Integrierte Unternehmensberatung«, »Holistische Personalentwicklung«, »Lebenstrainer«. Sie alle positionieren sich in der Nische der Betreuung und Beratung anderer – was einen hochgradig selbstständigen Lebensstil mit sich bringt, der unter Umständen nur noch wenig mit dem Trolley-ziehenden Anzugträger gemeinsam hat.

Changees füllen denn auch die Abteilungen großer

Beratungen, auf die die Kollegen gleichzeitig bewundernd auf- und verachtend herabschauen: bewundernd, weil der Frauenanteil dort am höchsten ist – was wohl der gefühlten »besseren Eignung« von weiblicher Emotionalität für kommunikativ schwierige Situationen geschuldet ist. Trotzdem ein wenig verachtend, weil kaum ein Kunde freiwillig nach dem zusätzlichen Aufwand von »Change Management« in Projekten verlangt. Im Gegenteil, diese Leistung muss meistens extra zusätzlich verargumentiert werden, überwiegend begründet durch den erwarteten Widerstand bei Veränderungen.

Willkommen sind die Change-Management-Berater und Coaches hingegen bei denen, die selbst in Entscheidungssituationen und auf verantwortungsvollen Posten stehen und merken, dass sie ihre eigenen Fähigkeiten noch erweitern möchten – oder einfach ein Gegenüber suchen, das ihnen im täglichen Kampf politischer Selbstbehauptung auf Konzernleitungsebene beisteht. Wenn also die Produktionsverlagerung nach Ungarn angekündigt werden soll oder ein Vorstand seine Rede vor den Aktionären der Hauptversammlung probt, dann ist die Stunde der Kommunikatoren und Kommunikationstrainer gekommen. In detaillierten Kommunikationsplänen wird festgehalten, wie strategische Netzwerke mit Meinungsführern geknüpft werden können und sich so wichtige Entscheidungsbefürworter finden (oder Gegner überzeugen) lassen. Wer wann was wie zu wem sagt – das wird im Hinterzimmer mit dem persönlichen Coach durchgespielt, der sich im Laufe der Zeit nicht selten zu einem Mentor oder Ersatztherapeut entwickelt.

Einen Sonderfall bilden die sogenannten »Outplacement-Berater«, wie sie so treffend von George Clooney in dem Film »Up in the air« portraitiert wurden. (Ein wunderbares Beispiel für die Flexibilität der deutschen Sprache – Einbindung eines Fremdwortes in ein neues Wort mit sechs Silben. Kein Wunder, dass sich »Galgenmännchen« vor allem bei deutschen Kindern und Unternehmensberatern großer Beliebtheit erfreut.) Ihnen obliegt die undankbare Aufgabe, Mitarbeiter von »neuen Chancen« zu erzählen – vulgo: dass sie gefeuert sind. Was ein gewiefter Outplacer natürlich so nie sagen würde. Höchstens, dass das Unternehmen sich für die umfangreichen und guten Dienste in den letzten Jahren aufrichtig bedankt und viel Glück auf dem weiteren Lebensweg wünscht (siehe dazu auch das Kapitel »Beratersprache«). Nicht selten streichen sie hohe Honorare ein – nehmen sie doch die emotionale Belastung auf sich, Bote schlechter Nachrichten zu sein.

Maximilian (69) hat einen guten Teil seines Lebens als Vorstandsvorsitzender eines international agierenden Mittelständlers verbracht. Seit er mit 65 Jahren in den Aufsichtsrat wechselte, nutzt er die Chance, in einem Teil seiner freien Zeit andere von seinen Erfahrungen profitieren zu lassen: Innerhalb eines losen Netzwerkes, aber unter gemeinsamem Namen, bietet er diskret seine Dienste als Top-Management-Coach an. Dabei akzeptiert er niemals mehr als zwei Klienten gleichzeitig, denn stets verbindet ihn mit seinen Schützlingen schon nach Kurzem mehr als nur ein professionelles Verhältnis. Mit den teilweise dreißig Jahre jüngeren Entscheidungsträgern bespricht er deren Auftreten, ihre politische Positionierung im Haifischbecken von Vorstandsrunden sowie konkrete Entscheidungssituationen. Dabei werden manchmal Themen berührt, bei denen seine Hilfestellung auch sehr persönliche Einstellungen betrifft – zum Beispiel beim Thema Produktionsstandortverlagerung, von der eine hundert-

köpfige Belegschaft betroffen ist. Mit seiner Lebenser-
fahrung versucht er, den Managern in ihrer gefühlten
Klemme zwischen den Erwartungen der Anleger und
Aktionäre, Banken und Vorgesetzten wieder das rechte
Maß für die eigene Überzeugung zu geben – und etwas
Freiraum, ihre Entscheidungsoptionen zu reflektieren.

→ **Wenn Sie Berater kennen:**
Ihre beste Freundin befindet sich nach ihrem Psycho-
logiestudium plötzlich in einer Unternehmensberatung, obwohl Sie ihr das nie zugetraut hätten? Wenn
sie nicht gerade in einem 14-Tage-Crashkurs auf Betriebswirtschaft gepolt wird (siehe Strategieberater),
dann stehen die Chancen gut, dass sie im Bereich
Change Management gelandet ist. Den untrüglichen
Beweis liefert die erste Erwähnung von »Veränderungsprozessen«, mit denen ihre Arbeit zu tun habe.
Machen Sie sich keine Sorgen – von allen Beraterkas-
ten ist sie in der humansten gelandet – und das wort-
wörtlich: der »human touch« oder »human factor«
bezeichnet quasi ihr Kernaufgabengebiet. Seien Sie
nachsichtig mit ihr – gerade am Anfang ihrer Karriere kämpfen diese ausgewiesenen Sensibelchen mit
dem abgeladenen Konsequenzmüll, den nüchterne
Profitabilitätsrechnungen nach sich ziehen. In ihren
Köpfen landen die Gedanken, wie sich der 52-jährige
verwitwete Maschinenschlosser mit drei Kindern fühlen wird, wenn in drei Monaten seine Arbeitsstelle
nicht mehr existiert. Auf der anderen Seite beschäftigt sie sich mit einem der interessantesten Themen
des menschlichen Lebens überhaupt – der Anpassung
an Veränderung.
Durch ihr Einfühlungsvermögen und ihr beruflich

gefordertes hohes Maß an Empathie stellt diese Bera-
terspezies oft überraschend interessante und anre-
gende Gesprächspartner in geselligen Runden dar.
Vor allem in Kreisen mit hoher Beraterdichte – wie
auf den Weihnachtsfeiern großer Beratungsunternehmen – fallen diese Berufskommunikatoren daher
leicht zwischen den Strategie-Alphatieren und den
unscheinbaren IT-Nerds auf. So gruppieren sich die
Alphatiere der Top-Strategen gerne gockelhaft um die
nette neue Kollegin aus dem Change Management,
während die IT- und Prozessberater abseits die Vorzüge des neuen Smartphones diskutieren.

Die Nase in den Zahlen: Wirtschaftsprüfer und Konsorten
Etwas weiter am Rand, aber in bester Tradition der ur-
sprünglichen Gründer, stehen diejenigen, die auf den
klassischen Pfaden von McKinsey und Arthur Andersen
wandeln: die Wirtschafts- und Steuerprüfer, die aus ihrem
profunden Wissen um Buchhaltung und Finanztricks
heraus immer wieder der Versuchung erliegen, neben der
unbestechlichen Überprüfung ihr Wissen in Form von
Beratung an den Mann zu bringen, wie all die Tricks, die
durch die Prüfung aufgedeckt werden sollen, so geschickt
angewendet werden, dass der oberste Wirtschaftsprüfer,
die Finanzbehörde, trotzdem noch hinters Licht geführt
werden kann – pardon: wie man die vorhandenen Ausle-
gungs- und Gesetzesspielräume ideal im Sinne des Unternehmens zu interpretieren hat. Wer die Bilanz überprüft,
weiß schließlich, wo sich noch Spielräume im gesetzlichen Rahmen auftun, zum Beispiel indem das Firmen-
grundstück neu bewertet wird. Mit der Verbuchung solcher Sondererträge aus Neubewertung lässt sich nämlich
trefflich ein nicht so erfolgreiches Jahr noch in ein ertrag-

reiches uminterpretieren. Auch wenn periodisch an das Ethos der Prüfer appelliert wird und sich Prüfungsunternehmen dann von ihrem Beratungszweig trennen (wie Arthur Andersen seinen Bereich Andersen Consulting, heute Accenture, abgespalten oder Ernst & Young seinen Beratungszweig Ende der 90er an Capgemini verkauft hat), dauert es in der Regel nicht allzu lange, bis sich ein neuer Wurmfortsatz der Zahlenjongleure bildet, der die Nachfrage nach kreativer Hilfestellung befriedigt.

Rick (27) hat gerade sein Betriebswirtschaftsstudium absolviert, nicht gerade mit Bestleistung, aber da er aus einer vermögenden hanseatischen Familie kommt, hat er schnell eine Anstellung bei einer Wirtschaftsprüfungsgesellschaft gefunden, wo er in einem Team Firmenbeteiligungen untersucht. Da ihm der Umgang mit Firmenanteilen und großen Geldsummen nicht fremd ist und er schon in seiner Kindheit mit Bekannten seiner Eltern aus Anwalts- und Unternehmerkreisen zu tun hatte, findet er sich sowohl thematisch als auch im Umfeld schnell zurecht. Sein eigener Karriereplan sieht allerdings vor, nach wenigen Lehrjahren eine eigene Beteiligungsgesellschaft zu eröffnen und das ererbte und bis dahin zusätzlich erarbeitete Familienvermögen durch Kauf und Verkauf von Firmenanteilen zu mehren.

→ **Wenn Sie Berater kennen:**
In Ihrem Bekanntenkreis taucht jemand auf, den Sie aufgrund seiner Zurückgezogenheit als IT-Berater eingeordnet hätten, doch es stellt sich heraus, dass er von Technik wenig Ahnung hat? Achten Sie darauf, wie er mit Zahlen umgeht. Sofern das Gespräch überproportional häufig durch eine Bewertung in Geldsummen unterbrochen wird (»Aber dann hat die Be-

erdigung ja mindestens 5000 Euro gekostet!«), Sie gewisse pedantische Züge bemerken (»Und dann muss das ja noch versteuert werden«) oder Ihr Gegenüber einfach eine gewisse lässige Noblesse ausstrahlt, die schon leicht arrogant wirkt – dann könnte es sich um jemanden aus der Wirtschaftsprüfung handeln. Sie werden an seinem Teint erkennen, ob Ihr Bekannter regelmäßig bis 22 Uhr über Excel-Listen brütet, um falsch verbuchten Summen hinterherzuspüren.

Ähnlich wie Juristen, die sich – wenn sie sich nicht aus Familientradition oder mangelnder Alternative für ihr Studienfach entscheiden – mit einer gewissen Hingabe dem präzisen Spiel mit Begriffen verschreiben müssen, kommen Wirtschaftsprüfer nicht ohne ein Faible für Zahlen aus. Dabei geht es nicht um die höheren Weihen der Mathematik – schon die Grundrechenarten jenseits jeglicher Differenzialrechnung reichen vollständig, das Leben eines Wirtschaftsprüfers ganz einfach dadurch auszufüllen, dass überprüft wird, ob die Addition aller Posten rechts in der Bilanz auch wirklich das gleiche Ergebnis wie links ergibt. Tut es das, freuen sie sich. Noch größer ist allerdings die Freude, wenn sie feststellen, dass sich mithilfe eines Offshore-Firmenkonstrukts (zum Beispiel einer Firma auf den Bahamas oder den Kanalinseln) der ganze Gewinn aus der Bilanz gleich herausrechnen lässt – und dafür vom Auftraggeber bei einer Bank in Liechtenstein in bar abgeholt werden kann.

Im noch weiteren Umfeld schließlich sind all jene zu finden, die zwar nicht unbedingt einer formalen Beratungsunternehmung angehören, aber in ihrer Rolle als Anwalt, Investmentbanker, Manager eines

Hedgefonds, Vermögensverwalter oder schlicht als Fachexperte in eine Rolle hineinwachsen, die äußerlich wie inhaltlich dem Trolley-Jetset ähnelt. Sie alle weisen größere oder kleinere Gemeinsamkeiten mit der Beraterzunft auf: akkurates Outfit mit Krawattenzwang, ein haltloses Nomadentum auf Flughäfen und Bürofluren der Großkonzernwelt sowie zeitbasierte Bezahlung.

Sie alle treffen sich im ältesten Gewerbe der Welt: Meist männliche Kunden kommen zu ihnen, den Kopf voller Probleme, unentspannt, und suchen Zuspruch, Zufriedenheit, Entspannung – jemanden, der ihre Probleme löst, die im eigenen Haus nicht gelöst werden können, der ihnen versichert, dass die Welt nicht groß, böse und unberechenbar ist, sondern mit den richtigen Methoden zerteilt, analysiert und bewältigt werden kann. Die ihre Lebenszeit dem Ziel unterordnen, den Kunden glücklich zu machen, und die sich dafür astronomisch bezahlen lassen. Willkommen in der Prostitution. Sie können sich immerhin damit trösten, dass sie die teuersten Escort-Girls sind, die das Wirtschaftsleben zu bieten hat. (Auf diesem Feld bietet sich interessanterweise ein erneuter Beweis dafür, dass Männer und Frauen für dieselbe Leistung ungleich bezahlt werden. Und ebenfalls dafür, dass diese Art von Arbeit unabhängig vom Geschlecht und der Ausprägung der Dienstleistung zu äußeren Anzeichen einer Verbrauchtheit führen kann.)
Doch egal, ob Strategieberater, IT-Berater, Coach oder Wirtschaftsprüfer, kaum ein Berater kann sich der »déformation proféssionelle« entziehen, durch die der Beruf allmählich das eigene Denken prägt.

Beraterdenke: Auf den Ansatz kommt es an

Unternehmensberater haben eine eigene Art zu denken. Warum das so ist, ist relativ leicht zu verstehen: es ist ihre Daseinsberechtigung. Neben der Professionalität, die sich in einer »Can-Do-Attitude«[11] niederschlägt, kauft der Kunde vor allem ihren Kopf. Damit sind zum einen Fachkompetenz und Erfahrung gemeint, zum anderen aber auch die Methodenkompetenz, die Beratern erlaubt, selbst unbekannte Sachverhalte analytisch klar zu strukturieren und kreativ zu Problemlösungen zu gelangen. Je strategischer sie arbeiten, umso stärker ist genau diese Kompetenz gefragt.

Manchem IT-Spezialisten, auf dessen Visitenkarten sich zwar auch das Wort »Berater« findet, der aber eigentlich für ein Unternehmen arbeitet, das Software herstellt, deren Einsatz beim Kunden er begleiten soll, mag dieses Kapitel etwas befremdlich finden – aber vielleicht versteht er dann die Projektkollegen aus den Strategieberatungen besser, die vermeintlich nichts tun außer Slides zu produzieren, wohingegen die ganze (Programmier-)Arbeit auf seinem Schreibtisch landet …

Unternehmensberater denken lösungsorientiert. Ausgangspunkt ist ein Zustand minderer Optimalität, vulgo: ein Problem (was Berater nie so bezeichnen würden, aber dazu siehe das nächste Kapitel: Beratersprache). Das typische Beraterdenken wird bereits in den Bewerbungsgesprächen anhand der Case Studies getestet: Problem – Analyse – Lösungsentwurf – Umsetzungsplanung.

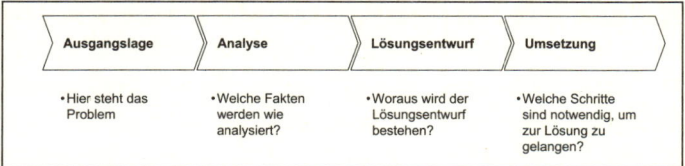

Abbildung 3: Beratertypisches Vorgehensmodell

Entlang dieser Struktur, die sich als Credo des methodischen Vorgehens in nahezu jedem Angebot wiederfindet, können verschiedene weitere Methoden genutzt werden. Angewandt auf ein bestimmtes Problem für einen bestimmten Kunden stellen sie das »Proposal« dar, den angebotenen Projektvorschlag zur Lösung eines Problems. Ein Proposal wird oft von einem älteren Level[12] – Partner oder Vice President – in der Funktion eines Account Managers »an Land gezogen«, um anschließend von einem Proposalteam ausgearbeitet zu werden. Darin werden in den Einzelschritten Analyse, Lösungsentwicklung und Umsetzung der Lösung das eigene Verständnis der Aufgabenstellung sowie die vorgeschlagene Vorgehensweise dargestellt, für jede Phase die zu erbringenden Ergebnisse definiert, der dafür notwendige Aufwand begründet und ein mögliches Projektteam präsentiert. Es bildet damit die Grundlage für die Preisverhandlungen und einen Projektauftrag. Man könnte ohne Weiteres auch »Angebot« dazu sagen, aber das Verhältnis zwischen deutscher und englischer Sprache wird noch an anderer Stelle zu kommentieren sein.

Vor allem im Bereich der Analyse gilt: Fakten, Fakten, Fakten, die zuerst gesammelt und dann zu einer aussagefähigen Kennzahl verdichtet werden. Merke: Was nicht gemessen werden kann, ist nicht vergleichbar. Allerdings:

Je mehr gemessen wird, umso wichtiger wird, was man misst. Mit der Messbarkeit steigt der Anspruch an die Trennung von Abhängigkeiten. Die einzelnen Einflussfaktoren müssen sauber getrennt werden – sonst könnte man schließlich nicht feststellen, ob der Ertrag eines Getränkeherstellers steigt, weil zufälligerweise ein heißer Sommer ist, oder ob die Kunden den neu entwickelten Softdrink tatsächlich wie verrückt kaufen. Also tendieren Berater dazu, komplexe Situationen in verschiedene Dimensionen aufzuteilen:

Mike (38), Managing Consultant bei einer Strategieberatung, bewirbt sich bei der internen Projekttruppe eines Konzerns (der »Inhouse-Beratung«). Auf die Frage, warum er sich bewerbe, antwortet er kurz und knackig: »Ich will drei Dimensionen optimieren: Work-Life-Balance, Gehalt, Perspektive.«

Wahrscheinlich könnte Mike mühelos mehrere Kennzahlen (»Key performance indicators«, oder kurz: KPIs) pro Dimension aufzählen, anhand deren der Verbesserungseffekt gemessen werden soll: »Work-Life-Balance errechnet sich als Faktor aus der durchschnittlichen Abwesenheit von zu Hause pro Woche, Anzahl der Ortswechsel pro Woche, Arbeitsbelastung am Wochenende, dem durchschnittlichen Ende der Arbeitszeit in der Woche ...« (keine erschöpfende Aufzählung, jedem Berater fallen sicher noch weitere Einflussgrößen ein).

Mit der Fokussierung auf einen solchen Ansatz wird deutlich: Unternehmensberater denken zielgerichtet. Alles, was getan wird, wird getan, um ein Ziel zu erreichen. Insofern sind Berater das Gegenteil von buddhistischen Aussteigern oder asketischen Handwerkern, die

Dinge um ihrer selbst willen tun und kein übergeordnetes Ziel im Auge haben. Es geht immer vorwärts. Der Fortschritt kann anhand der messbaren Kennzahlen überprüft werden, wie auch das gewonnene Bild zum Vergleich mit anderen Situationen taugt: mit dem Vorjahr, den Wettbewerbern, generellen »Best Practices«. Die Bewertung der gewonnenen Erkenntnisse kann zum Beispiel in Form einer Matrix mit mehreren Feldern erfolgen: Klassisch ist die Portfolioanalyse der Boston Consulting Group geworden, mit deren Hilfe Produkte hinsichtlich ihres strategischen Potenzials bewertet werden können:

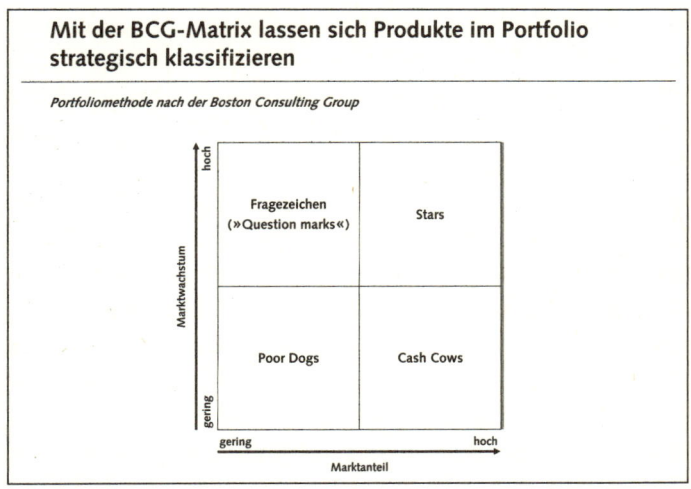

Abbildung 4: Portfolioanalyse nach der Boston Consulting Group

In der Portfolioanalyse werden Produkte hinsichtlich ihres Marktwachstums und ihres Marktanteils eingeordnet. Der neue Softdrink, der sich in Berliner Szeneläden plötzlich wie verrückt verkauft, ist ein typisches Beispiel für ein »Question Mark« – wer weiß, ob er sich bundesweit durchsetzen wird. Dem stehen Platzhirsche wie Coca Cola gegenüber – hoher Marktanteil, aber kaum noch Wachstum: eine typische »Cash Cow« für den Hersteller. An relativ neue Produkten wie Red Bull kann man die Phase der »Stars« beobachten: Das Produkt ist bereits weit verbreitet (hoher Marktanteil), aber durch kreative Mixgetränke mit Alkoholika werden neue Verbrauchsarten erschlossen – und damit ein Marktwachstum ausgeschöpft. Unter den »Armen Hunden« schließlich finden sich die typischen »lokalen« Marken wie Fassbrause oder Almdudler, die zwar in einem begrenzten Markt eine »Cash Cow« sein können, im überregionalen Vergleich jedoch keine Rolle spielen.

Angesichts solchen methodischen Vorgehens darf es nicht verwundern, wenn Berater plötzlich anfangen, sämtliche Bereiche ihres Lebens entsprechenden Strukturen zu unterwerfen: Wer beruflich sogar die katholische Kirche hinsichtlich ihrer Effizienz berät, überlegt selbstverständlich auch, ob der Investition in den Urlaub ein entsprechender Erholungseffekt gegenübersteht – oder wie dieser gegebenenfalls zu optimieren wäre. Vielleicht kommen sie auch in die Versuchung, eine SWOT-Analyse ihrer Beziehung durchzuführen, in der die Stärken (**S**trengths), Schwächen (**W**eaknesses), Chancen (**O**pportunities) und Risiken (**T**hreats) verschiedener Optionen in einer Matrix dargestellt werden, oder die Ausbildungsoptionen ihrer Kinder nach einer Risikobewertung zu gliedern:

Sylvia (43), Account-Managerin in einer Beratung, hat nach einem abendlichen Gespräch mit ihrem Mann, ebenfalls in einer Beratung tätig, eine Tabelle über die Ausbildungsmöglichkeiten des gemeinsamen Sohnes Jan-Philipp (9) angelegt und die verschiedenen Varianten nach SWOT ausgewertet. Das Ergebnis sieht in etwa so aus:

Elitegymnasium, altsprachlich

Vorteile/Stärken	Nachteile/Schwächen
Latein ab 5. Klasse: Latinum inkl. Oberschichts-Kameraden	Entfernung >1km, erfordert Busfahren Nachhilfe erforderlich, da Zensuren zu schwach
Zukünftige Chancen Karrierechancen durch Freunde aus »gutem Haus«	**Risiken** Kaum Freunde in direkter Umgebung Evtl. schlechte Zensuren könnten zum Außenseiter- dasein führen

Dorfgymnasium

Vorteile/Stärken	Nachteile/Schwächen
Direkt vor Ort	»Nur« Englisch als erste Fremdsprache Nachhilfe ebenfalls erforderlich, da Zensuren zu schwach
Zukünftige Chancen Gute Sozialisierung durch Freunde in der Umgebung	**Risiken** Keine zusätzlichen vorteilhaften Kontakte für später, da alle Eltern schon bekannt

Realschule

Vorteile/Stärken	Nachteile/Schwächen
Direkt vor Ort neben dem Dorfgymnasium	Kein Abitur
Zukünftige Chancen Ausleben der praktischen Ver- anlagung	**Risiken** Ohne Hochschulreife: kaum Aussicht auf spätere Beraterkarriere oder Ähnliches Nicht standesgemäß: Kind auf der Realschule

Die dargestellten Chancen und Risiken werden einheitlich bewertet und gegeneinander abgewogen, um zur besten Entscheidung zu kommen.

Die Ausrichtung des Denkens auf Messbarkeit und Effizienz ist zwar einerseits sehr verlockend, weil sie eine konsequente Verfolgung des Minimax-Prinzips erlaubt – nach der Devise: »Effizienz ist die Faulheit der Intelligenten.« Das funktioniert aber nur in den Bereichen, in denen es tatsächlich um optimierbare Sachverhalte geht.[13] Gerade die Schwierigkeit der Bewertung, ob ein lokaler Freundeskreis für den Filius besser wäre als zukünftige hochkarätige Kontakte, zeigt, dass dieses Raster an Grenzen stößt. Die Frage, ob das Leben selbst optimierbar ist oder sein sollte, wird damit schnell zu einer philosophischen Einstellungsfrage, über die sich Unternehmensberater häufig in ihrem Freundeskreis auseinandersetzen.

Hypothesengetriebenes Arbeiten: Können Sie Latein?
Berater werden oft dafür bewundert, eigentlich nichts zu können, das aber bemerkenswert gut – und dies umso mehr, je strategischer sie arbeiten. Da fragt man sich, worin eigentlich die Kompetenz besteht, die mit vierstelligen Tagessätzen honoriert wird. Was machen diese Überflieger, dass andere ihnen so bereitwillig das Geld nachwerfen?

Einer der Schlüssel der Beraterkompetenz liegt in der Methode des hypothesengetriebenen Arbeitens. Mit dieser Methode hat die Beraterbranche die Besserwisserei professionalisiert – dabei ist sie im Grunde ganz einfach zu erlernen und lässt sich am besten am Beispiel der lateinischen Sprache erklären.

Wenn Sie in den Genuss einer humanistischen Bildung gekommen sind (was beim Bewerbungsprozess zum Vorteil gereicht), dann kennen Sie sicher den Satz eines Ihrer Lateinlehrer, der Ihnen die logischen Strukturen der lateinischen Grammatik mit dem schönen Bild nahegebracht haben mag: »Lateinübersetzungen kann man stur durchkonstruieren wie ein Panzer: Formen bestimmen, Subjekt, Prädikat, Objekt identifizieren, dann Attribute und Satzbeiwerk übersetzen.« Nur naseweise Junglateiner mit Hang zum Zynismus erdreisten sich, die blumige Metapher durch ein »Reinfahren, alles kaputtschießen, nur Trümmer hinterlassen« zu konterkarieren.

Jeder, der durch die Mühle des »De Bello Gallico« und »De re publica« gegangen ist, wird sich bei der ehrlichen Frage, ob er tatsächlich so logisch-strukturiert vorgegangen ist, wohl eingestehen müssen, dass die Wirklichkeit eher so aussieht: Man liest einen Satz in einem Text, zu dem man ein ungefähres Hintergrundwissen hat. Zumindest der Autor, der Texttitel und womöglich eine Einführung sind bekannt – ob es sich um ein Catull'sches Liebesgedicht handelt und man also mit Anzüglichkeiten rechnen muss, oder ob man eine Tirade wider die Diktatur aus Ciceros Feder vor sich hat. Mit diesem Hintergrundwissen wird der Satz durchgelesen. Schon beim ersten Durchgang fallen hoffentlich einige Grundvokabeln auf, die es bis dahin bereits ins Langzeitgedächtnis geschafft haben. Auf dieser Basis – selbst wenn sie nur ca. 30 % umfasst – lässt sich bereits ein Inhalt erahnen. Damit haben Sie schon im zarten Schulalter Ihre erste Hypothese erstellt.

Mit dieser Hypothese, worin der Sinn des Satzes bestehen könnte, gehen Sie jetzt auf die Suche nach Belegen. Wohlgemerkt, Sie suchen nicht danach, ob Sie womöglich mit Ihrer Annahme falsch liegen könnten, sondern gehen in der Regel positivistisch vor: Getreu dem menschlichen Drang, recht haben zu wollen (der zweiten notwendigen

Beratereigenschaft neben der Besserwisserei), versuchen Sie zunächst, auch alle unbekannten Worte im Zweifelsfalle mithilfe eines Lexikons in dem von Ihnen konstruierten Satzsinn unterzubringen. Gelingt das und bleibt kein Wort übrig, vergleichen Streber womöglich noch die Wortformen und überprüfen die Passung (eine schlechte Übersetzung des neudeutschen »Fit«) sämtlicher grammatischer Formen mit dem gewählten Satzkonstrukt. Lassen sich auch hier alle Wortformen wohlklingend unterbringen, dann wurde der Satz wahrscheinlich auch so in den Klausurheften verewigt. Wesentlich dabei ist, dass nicht etwa nach Fehlern im Konstrukt gesucht wird, sondern man sich höchstens von einem Misserfolg bei der Suche nach Vollständigkeit und Fit dazu bewegen lässt, die Hypothese anzupassen.

In der Konsequenz findet sich nicht nur auch beim vierten Durchlesen kein Fehler (schließlich hat man sich gerade hinreichend bestätigt, dass man mit allen Hypothesen recht hat), sondern man läuft auch Gefahr, sich in eine Fehlerspirale hineinzubewegen: Wer einmal mit seiner Sinnkonstruktion an der Wahrheit vorbeischießt, verrennt sich immer tiefer in den Wahn, weil man die eigene gefundene Bedeutung als Hintergrundinformation in die Konstruktion neuer Hypothesen mit einbezieht. Ein falsch übersetztes Wort macht aus einem Text über Geld (pecunia) schnell ein Traktat über Schafe (pecus). Und wo sich die Schafe einmal eingeschlichen haben, versucht man, sie auch im weiteren Verlauf des Textes einzubeziehen. Folge: Der einmalige Wortfehler führt zu einer Umdeutung des Gesamtzusammenhangs, der nur selten einen Rückweg in die nüchterne Realität zulässt.

So weit die Erfahrungen aus dem Lateinunterricht – bitte wieder ausatmen, der Exkurs in die Schulzeit ist vorbei. Was aber hat das mit Beratertum zu tun? Mit diesem Vorgehen lässt sich exakt die Kernkompetenz der Beraterbranche beschreiben: angesichts eines unbekannten Sachverhalts, von dem man nur einen Bruchteil erahnen kann, eine sinnhafte Hypothese zu bilden und diese dann auf ihren Wahrheitsgehalt zu überprüfen. Im Laufe der Zeit werden Unternehmensberater diese Überprüfungstechniken in der Regel verfeinern und dahinterkommen, dass es auch sinnvoll sein kann, die eigene Wahrnehmung infrage zu stellen und womöglich einen neuen Ansatz gelten zu lassen. Aber plötzlich bemerkt man erstaunt, dass andere diese Fähigkeit als »out of the box«-Denken schätzen lernen und die schnelle Konstruktion von Zusammenhängen belohnen – sogar materiell. Also wenden Sie diese Technik auf Fragen an wie: »Wie kann eine Brauerei verhindern, dass in heißen Sommern Gaststätten aus der Stammkundschaft ihre Abnahmeverträge kündigen, weil nicht genügend Bier produziert werden kann?« Sie stellen Hypothesen auf, die in Richtung Problemidentifikation gehen (»Nicht genügend Kapazität zur Produktion vorhanden«), und solche, die Lösungen überprüfen (»Man könnte Bier bei der Konkurrenz kaufen, an die Stammkunden liefern und hoffen, dass niemand den Unterschied merkt«).

Das erwähnte Fallbeispiel war ein tatsächliches Projekt einer internationalen Beratung und fand seine Lösung darin, bei sich abzeichnenden heißen Sommern die Wartungsintervalle der Brauereianlagen zu verlängern oder noch vor Eintritt der Hitzeperiode sämtliche Wartungsarbeiten durchzuführen, womit zwar nicht die Gesamtproduktionskapazität erhöht werden konnte, aber zumindest eine hinreichende Mehrkapazität geschaffen wurde, um einen Teil der Stammkundschaft zu halten. Die Verluste durch Vertragskündigungen wurden dadurch zwar nicht vollständig eliminiert, aber so weit reduziert, dass die Brauerei dieses Projekt als durchschlagenden Erfolg angesehen hat – und die Beraterkosten bereits nach einem Jahr um ein Mehrfaches wieder amortisiert hatte.

Hypothesen aufstellen, diese überprüfen und gegebenenfalls verfeinern oder ändern – das ist der Schlüssel zum Erfolg des (Strategie-)Beraterdaseins. Diese Fähigkeit sollte so in Fleisch und Blut übergehen, dass man irgendwann nicht mehr anders kann: Es werden Hypothesen darüber aufgestellt, was der Kunde wohl erwartet, was er von dieser Erwartung mitteilt und was nicht, was andere über einen denken und so fort. Wahrscheinlich, so meint die moderne Kognitionsforschung, wird damit nur ein Mechanismus offengelegt, den das Gehirn ohnehin die ganze Zeit ausführt. Den meisten Menschen ist er lediglich nicht bewusst – und sie kämen eher selten auf den Gedanken, diesen Mechanismus auch explizit anzuwenden.

Wenn Sie sich darin wiederfinden, dann gratulieren Sie sich: Sie gehören zu denjenigen, die der Funktionsweise ihres biophysischen Apparates ein wenig auf die Spur gekommen sind. Immerhin funktioniert unsere Wahrnehmung genauso: Aus verschwommenen Bildern und Wortfetzen versucht unser Gehirn ebenso, einen Sinn zu konstruieren – und überprüft anhand der weiteren Informationen, ob die Annahmen auch tatsächlich stimmen. Wer jemals freiwillig oder unfreiwillig einem Handy-Telefonat am Nebentisch gelauscht hat, wird sich sicher daran erinnern können, dass er automatisch versucht hat, die Worte des Gesprächspartners zu ergänzen und einen Sinn aus dem Anruf zu konstruieren. Sehen Sie die Beratertätigkeit einfach genauso. Mit dem Zusatz, dass es die Aufgabe wäre, dem Nebentischsitzer den nächsten Satz vorzuschlagen.

Das beste Beispiel für eine solche Hypothesenbildung ist die Reaktion von Börsenkursen auf Unternehmensverlautbarungen: Da kein Unternehmen gerne den eigenen Aktienkurs auf Sinkflug schickt, bemühen sich Scharen von Fachleuten herauszufinden, auf welche Nachrichten die Analysten und Makler mit reflexhaftem Kauf reagieren würden (und damit die Kurse weiter anheizen). Nachdem man jahrelang glaubte, gute Nachrichten über die Geschäftslage würden das Unternehmen als Anlage attraktiv machen und damit die Kurse stützen, lässt sich seit etwa 15 Jahren beobachten, dass gute Nachrichten allein noch kein Garant für einen Aktienhochflug sind – im Gegenteil: Nicht selten reagiert der Markt auf allzu gute Nachrichten mit einem Kurseinbruch. Die Presse überhäuft sich dann mit Interpretationen wie »Gewinnmitnahme« – weswegen die Fachleute sich mittlerweile über ausgewogene Formulierungen und Gewichtungen Gedanken machen, die genug positive Stimmung verbreiten, aber gleichzeitig Hoffnung machen: Das Beste kommt noch! Da dafür die Reaktion der Analysten eingeschätzt werden muss, beginnt ein Spiel: »Ich denke, dass du denkst ...« – und die Analysten und Makler bemühen sich natürlich nach Kräften, dasselbe Spiel genauso zu durchschauen: »Du denkst, dass ich denke, dass du denkst ...« So führen die gegenseitigen Hypothesen zu immer gewagteren Konstruktionen.

Berater feiern Weihnachten

Beraterdenke ist universell. Beispiel gefällig? Adventszeit – Zeit der Weihnachtsbaumlogistik. Es gilt, folgenden Zielkonflikt zu lösen: beizeiten besorgen, wenig Geld zahlen, aber dafür frühes Nadeln in Kauf nehmen, oder lieber auf den letzten Drücker zum Baumhändler, dafür geringere Auswahl, aber der Baum hält eventuell länger. Dieser Konflikt lässt sich nicht nur hervorragend in einer Risikobewertung darstellen, sondern man kann, ja, muss sich geradezu damit auseinandersetzen, wie viel es einem wert wäre (und zwar in Euro), wenn der Baum einen Tag länger hielte – und natürlich berücksichtigen, dass sich bestimmte Faktoren der Kontrolle entziehen: Der Baum kann schließlich trotzdem schon alt sein und einfach nur länger beim Händler gestanden haben. Kontrollfreaks machen deswegen das einzig Richtige: sie schließen alle Unsicherheiten entlang der Weihnachtsbaum-Supply-Chain aus und gehen als richtige Männer mit Axt und Stihl-Motorsäge in den Wald, um sich den Traumbaum zu suchen, der Ihren Ansprüchen genügt. In letzter Minute natürlich. Hardcore-Sicherheitsfanatiker greifen allerdings gleich zum Plastikbaum.

Phase II beginnt mit der Geschenkplanung. Hier tun sich Möglichkeiten auf, »Freudenprofile« für alle Bekannten zu erstellen: Über welche Dinge würde sich wer wie sehr freuen? Mit welchem finanziellen Einsatz können diese Dinge erworben werden? Typisch dann der blinde Beraterfleck: Durch diese Fragestellung verschwinden beliebte Eltern- oder Kindgeschenke wie »Zeit miteinander verbringen« eventuell aus dem Blickfeld – also unbedingt den Bezugsrahmen sehr weit halten und regelmäßig »out of the box« denken. Die definierten Kennzahlen »Freude/Aufwand« bitte in der After-Launch-Phase überprüfen, damit für zukünftige Feste genügend Lessons learned als Definition für Best Practices zur Verfügung stehen.

Das Sammeln dieser Best Practices gehört in Phase III: Auswertung und Dokumentation. Wer hat was bekommen? Von wem wurde ein adäquates Gegengeschenk erhalten? Ergibt die Cashflow-Analyse unterm Strich ein Verlustgeschäft? Zur Ehrenrettung der Beraterzunft muss allerdings gesagt werden, dass diejenigen, die zu diesem Zweck Excel-Tabellen erstellen und die Historie mehrjährig in Datenbanken archivieren, wohl an einem fortgeschrittenen Stadium der »déformation professionelle« leiden.

Sprache: Königreich der Euphemismen

Auch wenn bisher der Anspruch verfolgt wurde, möglichst verständliche Sprache zu verwenden – spricht man über das Beratungsbusiness, kommt man um zwei Phänomene kaum herum: Euphemismen und Anglizismen.

Die Verkleidung unangenehmer bis negativer Sachverhalte in positive Worthülsen hat Tradition. Schon das Wort »Entlassung« beinhaltet eine Abmilderung der Handlung des Fortschickens, doch erst mit der Einführung des Wortes »Freisetzung« konnte ein neuer Höhepunkt an positiver Aufladung eines wenig erfreulichen Umstandes erreicht werden. Freisetzung klingt nach »endlich!«, nach Freiheit, nach Freizeit. Die Intention zielt auf eine Manipulation der Wahrnehmung beim Gegenüber: Durch die Assoziation mit Positivem soll der Maßnahme die Schärfe genommen werden – sie wird verharmlost. Noch besser gelingt das im deutschen Sprachraum durch den Mantel des Englischen: Als »Outplacement« bekommt der Prozess der Entlassung und Neuorientierung einen modernen Anstrich, klingt innovativ und »spannend«.

Die Affinität von Unternehmensberatern zu Kommunikationstechniken wie NLP[14] und die Erfahrung aus unzähligen Workshops und Moderationssituationen führen zu der Versuchung, die Gefühle des Gegenübers steuern und kontrollieren zu wollen. Dem richtigen »Wording« wird deswegen eine hohe Bedeutung beigemessen – und die (falsche) Benennung der Dinge kann zu peinlichen oder gar skandalösen Ergebnissen führen. Neben der Abschottung durch Fakten ist die geschickte Verwendung von Sprache die zweite Strategie von Beratern, sich unangreifbar zu machen. Um bei einem klassischen Beispiel zu bleiben: Wer von »Entsorgung« redet, umgeht die Diskussion um das »Müllproblem«.

Schon die generelle Vermeidung des Wortes »Problem« und dessen Ersatz durch »Herausforderung«, oder anglisiert »Issue«, zeigt diese Tendenz: Es wird nach vorne gedacht, lösungsorientiert. Sprache wird zu einem Kontrollinstrument.

Der Trend zum Englischen wird durch zweierlei Rahmenbedingungen begünstigt: einerseits durch die Struktur der Auftraggeber, die immer häufiger international agieren oder als Großkonzerne ohnehin international vertreten sind, andererseits durch die Abhängigkeit vieler Beratungsprojekte von der IT – und damit vom Englischen als der Sprache des Computerumfeldes. So kann man einen Berater unschwer daran erkennen, dass er – sofern er im deutschsprachigen Raum lebt – von Freitagabend bis Sonntag immer weniger englische Worte verwenden wird, wobei montagmorgens die Rate wieder rapide ansteigt.

Die Auswirkungen auf die Ausdrucksfähigkeit sind nicht zu unterschätzen: Vom literarischen Reichtum eines Shakespeare bleiben angesichts internationaler Projektteams, in denen nur wenige wirklich anglophone Muttersprachler sitzen, nicht mehr viel übrig. Der differenzierte Wortschatz wird dem kleinsten gemeinsamen Nenner der Verständlichkeit geopfert – heraus kommt sogenanntes SBE: simple, bad english. Dies ist immerhin eine Basis, auf die sich auch Kollegen asiatischer, französischer und australischer Herkunft einigen können, auch wenn die individuell erheblich unterschiedliche Aussprache einen regelmäßigen Abgleich erfordert. Merke: Wortwiederholungen sind verzeihlich, sofern alle verstehen, was gemeint ist. Lieber viermal hintereinander das Wort »specific« verwenden, statt auf »concrete« auszuweichen, um nicht plötzlich aus Versehen über Beton zu reden und ein breites Grinsen der fremdsprachenkundigen Sitzungsteilnehmer zu riskieren.

Lee (41), chinesischer Herkunft, ist Vertriebsleiter bei der Niederlassung eines deutschen Konzerns in Südostasien und für die ganze Region zuständig. Deswegen wurde er einem deutschen Beratungsteam als Fachmann zur Seite gestellt. Die deutschen Kollegen mussten sich zuerst daran gewöhnen, dass Lee offensichtlich sehr sparsam mit Konsonanten umgeht und auch nonchalant die Namen phonetisch neu interpretiert: Hatte Kollege Jan noch Glück, musste Lars leider seine Endung opfern und fand sich permanent als »Lah« angesprochen. Auch Wendungen wie »Wi iay go a p'obem ia« mussten erst langsam kalibriert werden, bevor man sich (»We really got a problem here«) auf das Problem fokussieren konnte.

Im Zentrum der Beratungssprache steht allerdings das Lieblingswort aller Unternehmensberater: Projekt. Alles ist Projekt. Der Alltag findet »auf dem Projekt« statt, der Karriereweg führt von Projekt zu Projekt, selbst die eigene Person bleibt nicht verschont: die Partnerschaft, der Hochzeitstag, das neue Haus, das Kind, das eigene

Leben. Für all diese Dinge kann ein Ziel definiert, ein Plan geschrieben und der Erfolg regelmäßig kontrolliert werden, auch wenn der Versuch einer Zieldefinition für das »Projekt Leben« manchmal geradewegs zum Therapeuten oder in die Ehekrise führt. Aber im Gegensatz zu den anderen projektzentrierten Berufsgruppen wie Architekten, Eventmanager, Theater-, Film- und Fernsehkunstschaffende sind Projekte für Berater weniger Herzensangelegenheiten künstlerischen Ausdrucks, sondern knallharte Abfolge methodischer Vorgehensweisen mit dem Ziel, wirtschaftlichen Mehrwert zu erschaffen.

Wertschöpfung: Wo liegt der Mehrwert?

Unternehmensberater gehören zu den Topverdienern der deutschen Wirtschaft. Absolventen starten mit einem Einstiegsgehalt in Höhe des deutschen Durchschnittsverdienstes bereits in der oberen Hälfte der Gehaltspyramide (ohne Promotion kann man je nach Beratungsfirma mit einem Einstiegsgehalt zwischen 35 000 und 55 000 Euro rechnen [Quelle: BDU 2006]. Der Durchschnittsverdienst in Deutschland [Quelle: Statistisches Bundesamt, Verdienste in Deutschland. In: Statistisches Jahrbuch, 2006] lag 2005 bei rund 42 000 Euro). Trotzdem ist es ein weiter Weg bis zum legendären Beratungs-Millionär, der mit 40 braun gebrannt nur noch auf dem Golfplatz steht ...

Unternehmensberater bieten einem Kunden eine Dienstleistung an. Sofern sie nicht als Freelancer auf eigene Rechnung arbeiten, könnte man eher sagen: sie werden angeboten. Der Kunde zahlt in der Regel einen Tagessatz für ihre Leistung. Diese Tagessätze variieren nach der Art ihrer Beratungskompetenz, ihrem beruflichen Level, dem Ruf ihres Arbeitgebers und der Finanz-kraft des Kunden zwischen 450 Euro pro Tag für IT-nahe Dienstleistungen bis hin zu 3000 Euro und mehr.

Angesichts solcher Tagessätze kommen für ein umfang-reiches Projekt mit vier Beratern à fünf Tagen die Woche bei einer Projektdauer von zehn Wochen schnell 200 000 bis 500 000 Euro zusammen – zuzüglich Reisekosten und Spesen. Stellt sich die Frage, worin eigentlich die Leistung besteht, die mit diesem Preis bewertet wird.

Es gibt ein paar Eigenschaften, die das rechtfertigen: Zum einen sind Berater eine handverlesen Truppe. Dass sie ihr Studium innerhalb von Rekordzeit gemeistert, überdurchschnittlich abgeschlossen und daneben reihen-weise Medaillen im Leistungssport gewonnen haben, vier Sprachen fließend sprechen und im Urlaub beim Watt-wandern auf Sylt genauso gut Small Talk halten können wie in der First-Class-Lounge am Flughafen, reicht trotz-dem nicht aus, automatisch in die Gruppe der Spitzenver-diener aufzusteigen. Weil im Auswahlverfahren mittels Case Studies nochmals ausgesiebt wird, ist ein Mindest-maß an Aufnahme- und Strukturierungsfähigkeit, kom-plexem Denken und Anpassungsfähigkeit garantiert – so-zusagen die Grundausstattung an Kompetenz. Darüber hinaus werden Berater im Laufe der Zeit immer geübter darin, sich in fachfremden Gebieten schnell zurechtzufin-den. Ihre Fähigkeit, sich Wissen schnell anzueignen, ist einer der wesentlichen Schlüssel.

Folgt man der althergebrachten Marx'schen Mehrwert-theorie, dann ist die Arbeitsstunde eines jeden Menschen im Grunde gleich viel wert – unabhängig davon, was er macht, denn ihr Wert ist definiert als »Wert der Arbeits-kraft, gemessen an den zu ihrer Erhaltung notwendigen Warenwerten«. Doch die Tatsache, dass ein Friseur in der

Stunde zehn Euro verdient (weil er nur eine begrenzte Anzahl von Kunden abarbeiten kann) und ein Unternehmensberater 250 Euro für eine Stunde verlangen kann, legt unterschiedliche Bezugssysteme nahe. Selbstverständlich finden Ausbildung, Know-how und Erfahrung in diesem Preis genauso ihren Niederschlag wie begrenzte Verfügbarkeit und damit der Marktmechanismus von Angebot und Nachfrage. Trotzdem lohnt sich ein vergleichender Blick auf diese Einkommen.

Zum einen muss für die Beratergilde in die Waagschale geworfen werden, dass nicht lediglich acht Stunden am Tag abgeleistet werden, sondern in der Regel durchaus 12 bis 17 Stunden – zumindest für die Tage vor Ort beim Kunden. Während der Zeiten im Home Office oder im eigenen Büro nutzen manche Berater auch gerne die flexiblere Zeiteinteilung zur Wahrnehmung anderer Termine wie Arztbesuche oder Ämtergänge. Allerdings wird dann auch häufig am Wochenende noch einmal Zeit investiert, was zusammen mit der Tatsache, dass die gedankliche Arbeit sich sowieso nicht auf Knopfdruck ausschalten lässt, durchaus eine höhere Zeitbasis als Berechnungsgrundlage rechtfertigt als die 40-Stunden-Woche.

Nehmen wir also einen üblichen Tagessatz eines Managementberaters von 2000 Euro bei einer Arbeitszeit von 15 Stunden, so bleiben immer noch rund 130 Euro pro Stunde – gegenüber den 50 Euro, die einem Friseur für einstündiges Strähnchenfärben gezahlt werden. Man könnte also sagen: Ein Managementberater schafft so viel Wert wie zweieinhalb Friseure.

Wo aber wird dieser Wert eigentlich geschaffen? Wie viele Wagen müssen für ein Beratungsprojekt mit einem Umfang von 400 000 Euro bei einem Hersteller von Luxusautomobilen wohl gebaut und verkauft werden? Bei einem Endpreis von 70 000 Euro brutto, 19 % Mehrwertsteuer und einer Händlermarge von 15 % bleiben rund 50 000 Euro Verkaufserlös für den Hersteller. Selbst bei angenommenen 5000 Euro als »reinen« Produktionskosten und ebenso hohen Vertriebskosten bleiben 40 000 Euro, von denen die millionenteure Entwicklung und die umgelegten Gemeinkosten abgedeckt werden müssen. Nehmen wir an, von einem solchen Luxuswagen blieben 10 000 Euro als Posten für »externe Beratungskosten« übrig, dann müssten immer noch 40 solcher Mobile gebaut, vermarktet und verkauft werden, um das Beratungsprojekt zu finanzieren – anders gesagt: Die Beratungskosten ergeben einen ansehnlichen Fuhrpark.

Dieser Gegenwert von 40 Autos muss natürlich irgendwo als Projekterfolg auftauchen, denn freiwillig verschenkt ein Unternehmen sein Geld selten – zumindest nicht nach offizieller Lesart. Wo aber schaffen Berater den Mehrwert?

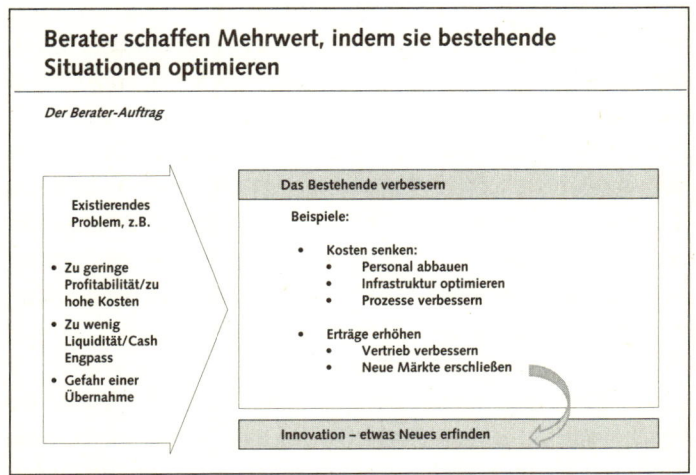

Abbildung 5: Beratungsauftrag und typische Projekte

Projekte, Projekte, Projekte: Typische Berateraufgaben

Beratungsprojekte, die »Engagements«, sind meistens Optimierungsprojekte, selten wird echte Innovation im Sinne einer neuen »Erfindung« gefordert. In der Regel geht es um die Verbesserung bestehender Prozesse und damit um die Erhöhung der Produktivität als Verhältnis von Output zu Input. Produktivitätsverbesserungen führen somit entweder zu einer Erhöhung der Leistungsfähigkeit (= mehr Output) oder zu einer Ressourcenersparnis (= Inputreduktion). Beide Faktoren lassen sich berechnen – der typische Businesscase[15] eines Beratungsprojektes.

Die Vorstellung vom Unternehmensberater ist klassischerweise von diesem Bild des Ressourcenoptimierers geprägt, meist in Verbindung mit Personalfreisetzung: Wo früher zehn Menschen ihrer Arbeit nachhingen, rennt heute hektisch ein einzelner herum – nachdem die Beraterhorden über das Unternehmen hinweggezogen sind. Natürlich arbeitet dieser eine dann mithilfe eines Computersystems (das nicht unbedingt sein Leben erleichtert ...). In Form des Businesscases wurden die damit eingesparten Personalkosten errechnet (Lohnkosten x 10 – Lohnkosten x 1 + Computersystem) – ein Ertrag, der allerdings genauso virtuell auftaucht wie die 20 Euro, die Sie laut der neuesten Anzeigenkampagne sparen, wenn Sie sich einen neuen Staubsauger kaufen.

Als zuverlässige, belastbare Arbeitsbienen werden Unternehmensberater mit einem klaren Auftrag ins Rennen geschickt. Man kann nahezu alles von ihnen verlangen: arbeiten bis nachts um drei (oder auch die ganze Nacht durch), den Austausch eines Kollegen im Projektteam,

weil er braune Anzüge trägt, die Vermeidung unbeque-
mer Wahrheiten und ein geschickt austariertes System
von Selbstbestätigung und Vorschlägen, wie die Position
des Auftraggebers noch vorteilhafter ausgestaltet werden
kann. Kurz gesagt: Berater sind die besseren Mitarbeiter.
Natürlich kosten sie mehr, aber angesichts langer Kündi-
gungsfristen, möglicher Krankheitszeiten, Altersvorsorge-
leistungen und nicht zuletzt der Investition in soziales
Miteinander (denn auch Betriebsfeiern kosten Geld) rela-
tiviert sich dieses Gefälle wieder.

Ein Beratungsvertrag endet ohne Kündigungsfrist, im
Gegenteil: bei nicht ausreichender Leistung findet sich
sicher ein Schlupfloch im Vertrag, das erlaubt, das Bera-
tungshonorar zu kürzen. Man kann sicher sein, dass die
Beratungsfirma alleine schon aufgrund der Angst um den
eigenen Ruf und in der Hoffnung auf Folgeaufträge eine
gütliche Einigung anstreben wird, selbst wenn dies einen
möglichen Verlust von 10 % bedeutet.

Unternehmensberater können also auch dann geholt
werden, wenn es darum geht, Personalengpässe zu besei-
tigen – zumal diese vorgeblich kurzfristig angelegt sind,
wie das in der Regel bei Projekten der Fall ist. Dass man-
ches Projekt sich dann auf mehrere Jahre erstreckt (vor
allem SAP-Einführungsprojekte sind für Laufzeiten von
bis zu fünf Jahren und mehr berüchtigt), spielt erst einmal keine Rolle, schließlich handelt es sich immer noch
um ein Projekt, ist als solches mit einem definierten
Umfang, einem »Projektscope« mit Zielvorgabe, Anfang
und Ende versehen und rechtfertigt damit den Einsatz
temporärer Kräfte.

In diesem Sinne füllen Unternehmensberater die Lücke
oberhalb der Zeitarbeiter, die üblicherweise auf Dorf-
festen Bier ausschenken oder Werbeflyer verteilen: sie

machen sich mal kurz zum Affen, wenn auch auf hohem Niveau. Manchmal lohnt der Vergleich mit anderen Dienstleistern, die ebenfalls zeitlich beschränkt – dann aber meist stundenweise – hoch bezahlte Services anbieten …

Neben kühler Optimierung und fleißiger Ameisentätigkeit gibt es einen weiteren Bereich, in dem tatsächlich der viel gerühmte »Blick von außen« den entscheidenden Vorteil bietet: im Falle sozialer Konflikte.

Manfred K., frisch gebackener Abteilungsleiter in einem Maschinenbaukonzern, hat Probleme mit seinem ihm untergeordneten Teamleiter M., der nicht nur deutlich älter als K. ist, sondern sich auch selbst Hoffnungen auf den Abteilungsleiterposten gemacht hat und sich jetzt von K. »rechts überholt« fühlt. Kein Wunder, dass es mit dem Arbeitsklima zwischen beiden nicht zum Besten steht. Dummerweise wird K. mit einem wichtigen Projekt betraut, bei dem M. zuarbeiten soll. Um dem vorprogrammierten Konflikt aus dem Weg zu gehen und M. mehr oder weniger sanft unter Druck zu setzen, beauftragt K. eine externe Beratung mit der Unterstützung des Projektes. Unausgesprochener Hauptauftrag: M. dazu zu bringen, das Projekt trotzdem konstruktiv und engagiert zu unterstützen.

Die Berater positionieren sich als Vermittler zwischen beiden Fronten: Von M. sammeln sie genügend Informationen, um ihm seine Aufgaben so weit vorzubereiten, dass er nur minimalen Aufwand hat. Damit stellen sie sicher, dass K. die gewünschten Ergebnisse erhält. So entsteht eine echte Win-Win-Situation: M. fühlt sich geschmeichelt und ist erleichtert, dass ihm der Schreibtisch freigeräumt wird. K. ist froh, dass er nicht direkt mit M. unter vier Augen kommunizieren muss, sondern immer auch die Berater mit am Tisch sitzen – und dass zusätzlich ein professionelles Ergebnis erwartet werden kann.

In diesem Zusammenhang fällt den Unternehmensberatern weniger die Rolle einer »Funktionsmaschine« zu, hier sind ihre Fähigkeiten als Moderatoren gefragt: Das klassische Feld der Organisationsentwicklung, der Trainer und Coaches ist nicht durch ein Ergebnis definiert, sondern eher durch die Begleitung eines Prozesses. Kulturelle Annäherung, gegenseitiges Verstehen und die Überwindung von Ängsten gegenüber Veränderungen erfordern viel Einfühlungsvermögen und Empathie. Die viel gerühmte Unabhängigkeit wird hier zur notwendigen Voraussetzung: sich selbst ganz zurücknehmen, aufnehmen, was da ist, und gemeinsam mit den Menschen arbeiten wird zur vordringlichen Zielsetzung.

Im politischen Umfeld großer Konzerne kann diese Rolle geradezu strategisch ausgeprägt sein. Bei Transformationsprojekten, die große Veränderungen in einem Konzern begleiten, wie eine Umstrukturierung, der Erwerb (»Acquisition«) oder die Integration einer erworbenen Unternehmung (»Merger«), kann die Planung regelrecht einem »Feldzug« zur Durchsetzung von Entscheidungen gleichen, die dann durchaus generalstabsmäßig organisiert werden: Von den Projektbeteiligten auf Kundenseite werden regelrechte Steckbriefe angefertigt (im Idealfall an den Innenseiten der Schränke im Büro versteckt, um sie im Zweifelsfall tagsüber zuklappen und abends vor dem Reinigungspersonal verschließen zu können), auf denen möglichst viel von Verantwortungsbereichen und Budgetgrößen bis hin zu Vorlieben und privaten Dingen vermerkt ist, was sie berechenbar und beeinflussbar macht. Es werden unterschiedliche Kommunikationsstrategien entwickelt, die helfen, dass der Vorstand von selbst »ganz plötzlich« auf eine gute Idee kommt – der klassische politische Grabenkampf in all seinen schmutzigen Details. Dabei agieren die Berater sowohl als die führenden Strategen wie auch als die unermüdlichen Sucher nach Details und Fakten, um jedes noch so kleine Argument bestätigen oder entkräften zu können.

Unternehmensberater können sich in solchen Umfeldern als Königsmacher erweisen – oder als falsche Propheten und gefährliche Freunde, wenn einem Vorstand die Niederlage im Machtkampf droht. Wenn der böse Betriebsrat plötzlich die Profitgier des Konzerns an den Pranger stellt und sich die Politik auf seine Seite schlägt, geht es schnell um die Rettung des eigenen Vorstandskopfes. Dann bleibt immer noch die Reißleine der sofortigen Trennung und Aufhebung des Beratungsmandats – und die Hoffnung, dass man alles den Beratern in die Schuhe schieben kann.

Egal ob Optimierer, Auskehrer oder Drahtzieher – immer haben externe Berater den Vorteil, dass der Kunde aufgrund des Dienstleistungsverhältnisses die Verantwortung für das Ergebnis weitestgehend delegieren kann: Wenn ein Projekt zu Problemen führt, wird selten derjenige belangt, der das Projekt als Auftraggeber ins Leben gerufen hat, sondern meistens der, der aktuell als Berater daran beteiligt ist. Das menschliche Gedächtnis ist kurz, und schließlich steht da ja einer, der unmittelbar mit der schlechten Botschaft verknüpft ist. Unternehmensberater können also einen Teil ihres großzügigen Verdienstes guten Gewissens als Ausgleich dafür sehen, dass sie die Rolle des Esels übernehmen, der am Schluss geduldig alle unliebsamen Lasten trägt. Wohlgemerkt: sie werden nicht dazu missbraucht, das ist auch kein subjektives Gefühl – es ist klarer Bestandteil ihrer Rolle.

Der bereits oben zitierte Fall eines Vorstandes, der auf die Empfehlung der Beratung verweist, nach deren Zahlen 5000 Mitarbeiter entlassen werden sollten, der dann aber »aufgrund seiner unternehmerischen Verantwortung den Mitarbeitern gegenüber« großzügigerweise nur 3000 Entlassungen vorsieht, illustriert die Instrumentalisierung der Beratungsunternehmen als Instanz der »gnadenlosen« Effizienzdenke. Immerhin kann man als Berater versuchen, seine professionellen Überzeugungen konsequent zu leben und die eigenen Empfehlungen so weit abzusichern, dass man selbst ein reines Gewissen hat – zumindest innerhalb des Systems: Wenn das Ziel explizit die Profitsteigerung Y ist, dann müssen X Leute gehen. Das im Beratungsauftrag vorgegebene Ziel (Profitabilitätssteigerung) wird zum Schutzschild, unter den sich auch das schlechte Gewissen flüchtet. Wenn das Ergebnis auf Basis sauberer Fakten errechnet wurde, bieten die Zahlen das neutrale, objektive Gerüst für die Entscheidungsempfehlung. In solchen Fällen muss man sich allerdings davor hüten, das Ziel zu hinterfragen – besser, man sieht sich als Teil des großen Welttheaters, auf dessen Brettern man seine kleine Rolle gottergeben spielt. Solange genügend Zeit zum Golfen bleibt ...

Zum Abschluss dieses Gedankens: Stellen Sie sich die wohlgeordnete Perfektion eines Bienenstockes vor. Es herrscht klare Aufgabenverteilung: Die Königin legt Eier, die Arbeiterinnen kümmern sich in verteilten Rollen um Bewachung, Aufzucht und Futterbeschaffung, die Männchen werden nur kurze Zeit geduldet, um ihre Reproduktionspflichten zu erfüllen, und dann in die feindliche Lebenswelt hinausgeworfen, wo sie elendiglich zugrunde gehen. Die kleinen, fleißigen Bienen, deren Körper etwas grauer sind als die der anderen und die emsig zwischen allen hin und her wuseln – das sind die Beraterbienen. Sie tragen eigentlich nicht wirklich zum produktiven Arbeiten des Bienenstockes bei, doch die Wissenschaft vermutet, dass sie den anderen Bienen ständig erzählen, wie sie Dinge besser machen können. Interessanterweise werden sie manchmal von den anderen ignoriert, weil diese gerade mit dem Schwänzeltanz beschäftigt sind, um den Weg zu einer aussichtsreichen Futterquelle kundzutun.

Karrierestufen: The way goes up

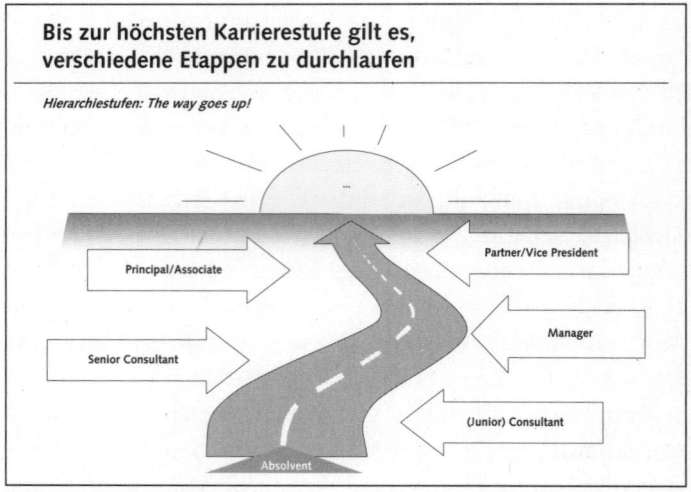

Abbildung 6: Hierarchiestufen

Unternehmensberater gilt als einer der typischen Berufe, um Karriere zu machen. Alle wissen das, deswegen werden die Hierarchiestufen auch als extrem wichtig erachtet. Sie mögen je nach Beratungsfirma anders heißen, aber es gibt sie überall, und der Sprung von einer zur anderen beziehungsweise das Anstreben dieses Sprungs spielt eine große Rolle im Beraterleben.

Die Beratungsfirmen sind im Idealfall nach einer Hierarchie aufgebaut, deren Verteilung eine Pyramide ergibt: wenige Führungskräfte und je Hierarchiestufe fünf bis zehn zugeordnete Mitarbeiter. In Krisenzeiten kann diese Verteilung gestört werden, da Freisetzungen (vulgo: Entlassungen, siehe Beratersprache) nicht über alle Hierarchiestufen gleichmäßig verteilt sind. Wer länger dabei ist, sitzt aufgrund seiner Geschäftskontakte meist stabiler im Sattel, sodass von einer Krise zuerst die jungen Kollegen getroffen werden. Dauert die Krise länger an, wird aus der Pyramide mangels Nachwuchs von unten eine Urnenform mit Überhang: zu viele hohe Managerstufen, zu wenig junge Kollegen – häufiges Erscheinungsbild nach dem Knick im Beratungsbusiness in den Jahren 2001 bis 2004 oder nach 2008. Weil die unteren Hierarchiestufen aber dank einer höheren Marge einen größeren Beitrag zum Geschäft leisten, schlagen sich solche »ungesunden« Formen wie ein Wasserkopf schnell in den Profitabilitätszahlen nieder.

Im Gegenzug versuchen Unternehmensberatungen, nach dem Prinzip »Up or out« die Mitarbeiter zu permanenter Übererfüllung und Höchstleistung anzutreiben. Vor allem amerikanische Unternehmen glänzen gerne mit Vorgaben wie einer »Drop rate« von 15 % pro Jahr: den schlechtesten 15 % wird nahegelegt, das Unternehmen zu verlassen. Manchmal auch auf typisch amerikanische Art: Wer zu den Unglücklichen gehört, dem kann es passieren, dass er bereits nach dem jährlichen Feedback-Gespräch von einem Security-Beauftragten an seinen Arbeitsplatz zurückgeleitet wird, um seine persönliche Habe zusammenzusammeln. Unter kritischen Augen wird dann darauf geachtet, dass der frisch gebackene Ex-Mitarbeiter kein Firmeneigentum an sich nimmt – und das bedeutet auch, dass er keine Dateien von seinem Notebook kopieren oder löschen darf.[16]

Junior Consultant: Newbies (oder: Kofferträger)

Wenn Sie direkt von der Universität kommen – und womöglich fachfremd studiert haben –, dann steigen Sie in der Regel als Junior Consultant ein. Das für die Beratung notwendige Grundwissen in Betriebswirtschaft erhalten Sie gegebenenfalls bei eigenen Trainings, eventuell sogar im Ausland. Das klingt zuerst aufregend, allerdings verlieren solche Trainingszentren nach einigen Besuchen ihren Reiz – sie sind nur eine weitere Möglichkeit der Zusammenkunft mit Ihren Kollegen, mit denen Sie dann von früh bis spät zur Gemeinsamkeit verdammt sind. Das mag nett sein, weil man sich ohne den Druck eines Projektes auch einmal in aller Ruhe die Zeit nehmen kann, sich auszutauschen. Die Bilder von wilden Partys müssen allerdings alleine schon deshalb ins Reich der Mythen verwiesen werden, weil in der Beratung der Frauenanteil traditionell unterdurchschnittlich ist.

Immerhin werden Sie bei diesen Trainings und in den ersten Tagen – wahrscheinlich schon während Ihres Recruiting-Gesprächs – die wesentlichen, für Sie prägenden Kontakte schließen, die Ihnen bei der folgenden Karriere primäre Bezugspersonen sein werden. Meist erhalten Sie die Chance, sich für einen Bürostandort zu entscheiden, der von Ihrem gewählten Lebensmittelpunkt nicht allzu weit entfernt liegt. Schließlich unterhalten die großen Beratungen in fast jeder größeren deutschen Stadt

Büros, in denen zu arbeiten Sie allerdings nur selten das Vergnügen haben werden. Wahrscheinlicher ist, dass Ihr Weg Sie regelmäßig zum Flughafen oder Bahnhof führt, um in der Niederlassung eines deutschen Großkonzerns zu landen.

Consultant: Hoffnungsträger

Auf Projekten wird nicht zwingend zwischen einem Junior Consultant und einem Consultant unterschieden. Als Consultant haben Sie wahrscheinlich den Vorteil, bereits betriebswirtschaftliche Kenntnisse aus Ihrem Studienfach oder einem längeren Praktikum in einer Unternehmensberatung mitzubringen. Oder Sie kommen als Quereinsteiger aus der Industrie und konnten dort erste Erfahrungen sammeln, bevor Sie den Schritt in die Beratung gewagt haben. Ihr Arbeitgeber hält Sie jedenfalls für kompetent, bereits eigene Aufgaben zu erledigen. Einige grundlegende Fähigkeiten, die den Stil jedes Beratungsunternehmens prägen, wie zum Beispiel Präsentationsgestaltung, Moderation und Meetingstruktur, werden Ihnen sicher noch beigebracht, aber vieles davon wird »on the job« laufen.

Als Consultant sind Sie ansonsten eines der typischen Rennpferde der Projektleiter und Partner: Ihr Gehalt ist noch verhältnismäßig niedrig, die Tagessätze für den Kunden aber bereits so hoch, dass Sie die größte Marge erwirtschaften. Weitere Investitionen in Ihre Ausbildung sind nicht mehr unbedingt notwendig, Sie werden mit jedem Tag, mit jedem Projekt besser.

Senior Consultant: Know-how-Träger

Wenn Sie nach einigen Jahren die ersten Erfahrungen auf Projekten gemacht haben und bereits selbst Workshops und Meetings vorbereitet und moderiert haben, werden Sie zum Senior Consultant befördert. Hier beweisen Sie bereits Expertise und fundiertes Know-how in einigen Bereichen, weil Sie auf bewährte Methoden und Formate zurückgreifen können. Praktisch wird sich dies dergestalt niederschlagen, dass Sie in Ihrem Fundus an alten Projektpräsentationen bereits viele Folien finden, die Sie in anderen Zusammenhängen wiederverwenden können – anders gesagt: Ihre Darstellungskompetenz und Ihre Effizienz bei der Vorbereitung von Präsentationen ist sprunghaft gestiegen.

Als Senior Consultant »leveragen«[17] Sie Know-how. Sie profitieren von Ihrer Erfahrung und dem Wissensmanagement Ihres Arbeitgebers: entweder aus Einzelfällen oder aus einer Bibliothek von Präsentationen, die unterschiedliche Darstellungs- und Vorgehensweisen beschreiben – dem »Methodenset«, das Ihnen zur Verfügung gestellt wird und das Sie langsam zu überschauen und zu beherrschen lernen. Gleichzeitig sind Sie das Arbeitstier, das sich nicht zu schade ist, Excel-Dateien mit Tausenden von Daten zu füllen, zu strukturieren und auszuwerten. Sie sind erfahren genug, dass Ihnen diese Arbeit flüssig und schnell von der Hand geht – schneller jedenfalls, als erst einen jüngeren Kollegen mit einem »Briefing« einzuweisen. Schließlich ist das Endergebnis schon als klares Bild in Ihrem Kopf vorhanden, und es selbst zu produzieren, sichert auf jeden Fall die Übereinstimmung des Ergebnisses mit Ihren Vorstellungen.

Manager: Projektjongleur

Als Manager oder Managing Consultant, manchmal auch Associate Manager, sind Sie in der typischen Projektleiterrolle. Ab sofort sind Sie nicht mehr nur Pferdchen im Rennen, sondern der Garant dafür, dass alle Pferdchen ins Ziel kommen. Sie werden nicht mehr nur auf Projekten »delivern«, also operative Arbeit machen, sondern mehr und mehr auch in die Verkaufspflichten eingebunden. Ausgehend von den laufenden Projekten sollen Sie möglichst für Anschlussaufträge sorgen: Ihre Projekte sollten so erfolgreich abgeschlossen werden, dass alleine aus der Folie »Nächste Schritte« für den Kunden ersichtlich ist, dass er in Zukunft weitere Beratungsunterstützung braucht. Für Ihr Unternehmen werden Sie allmählich teuer, weil Ihr Gehalt steigt, aber Ihre direkte Verkaufswirkung sich primär auf Folgeprojekte bezieht.

Oliver (32) hat in einer angesehenen Strategieberatung gerade den Sprung zum Manager geschafft. Damit ist er jetzt selbst Identifikations- und Leitfigur für die jüngeren Kollegen geworden. Plötzlich fühlt er sich im oberen Teil der Pyramide – zumindest hat er wohl den »Sockel« verlassen. Ab sofort kann er bei Projekten seine eigenen Ideen gestaltend einbringen, allerdings merkt er auch, dass zwischen dem Erstellen einer guten Präsentation und der Anleitung eines Kollegen, ein entsprechendes Ergebnis zu erzielen, eine beachtliche Diskrepanz liegt. Als Perfektionist fiel es ihm zunächst schwer, die notwendige Geduld aufzubringen – gerade Kollegen gegenüber, die noch nicht über so viel Erfahrung und Schnelligkeit in PowerPoint verfügen, drängte sich ihm oft der Wunsch auf, die Aufgabe doch schneller selbst zu erledigen, bevor er sie so erklärt hatte, dass der junge Kollege sie auch zufriedenstellend erfüllen konnte. Im Lauf der Zeit hat er aber ein gutes Betreuungsprinzip aus regelmäßigen Feedbackrunden etabliert, mit dem er seinen jungen Kollegen die Chance gibt, seine Vorstellungen zu verstehen und ihn gegebenenfalls von anderen Lösungsansätzen zu überzeugen.

Als Manager empfiehlt sich die langfristige Karriereplanung: Wenn mit der Staffing-Abteilung über die Zuweisung zu zukünftigen Projekten verhandelt wird – in guten Zeiten sollte eine gewisse Auswahl möglich sein, welche Projekte man übernimmt –, empfiehlt es sich, diese Projektengagements nach strategischen Gesichtspunkten auszuwählen, weil der Aufstieg maßgeblich von den Umsatzzahlen und dem Renommee der Projekte abhängt, an denen man beteiligt war. Deswegen sollte das Potenzial der Projektmöglichkeiten und Proposals abgeschätzt werden: Wird es ein großes Projekt? Könnte es ein Folgeprojekt geben? Kann das Projektteam noch wachsen? Wie wird die eigene Rolle im Projekt aussehen? Mit welchen Managementebenen des Kunden wird man zusammenarbeiten? Auf Vorstandsebene oder nur beim Abteilungsleiter? Wie wird sich der Ansprechpartner beim Kunden entwickeln? Womöglich verhilft man einem Manager zum entscheidenden Sprung in die Chefetage und darf sich in Zukunft des wohlwollenden Kontaktes nach ganz oben sicher sein.

Im besten Fall werden Sie als dynamischer Manager zur Erstellung eines Proposals bei einem aussichtsreichen Neukunden herangezogen, sichern sich ein kleines Projekt im gehobenen, mittleren Management – also ein bis zwei Managementebenen unter dem Vorstand, aber mit Visibilität nach ganz oben. Jetzt muss das Projekt nur noch wachsen: Wenn Sie es schaffen, aus einem operativen Anderthalb-Berater-Projekt ein umfangreiches Transformationsprojekt mit mehreren Beratern als Vollzeitressourcen zu entwickeln, ist Ihre Beförderung so gut wie sicher. Agieren Sie strategisch, passen Sie auf, dass Ihre vorgesetzten Principals und Vice Presidents Ihnen genügend freie Hand lassen, um den Erfolg sichtbar voll selbst zu vertreten. Aber achten Sie in dem Maße, in dem Ihre Rolle politischer wird, auf das Umfeld. Vermeiden Sie Fallen und Fehlschläge, indem Sie den Freiraum der anderen Beteiligten zu kontrollieren versuchen. Ihre Karriere hängt nicht nur von Ihrer persönlichen Leistung ab, sondern vor allem auch von einem fördernden Umfeld, in dem niemand querschießt.

Martin (38), Managing Consultant im Strategiebereich einer großen IT-Beratung, hat ein dreimonatiges Beratungsprojekt bei einem großen Handelskonzern verkauft und als Projektleiter erfolgreich zu Ende gebracht. Es folgte eine dreimonatige Verlängerung mit Ausweitung des Projektscopes auf die internationalen Niederlassungen. Während dieser zweiten Projektphase erschien ein Artikel in der internen Mitarbeiterzeitung des Beratungsunternehmens, in dem über das Projekt und die Schwierigkeiten der Zusammenarbeit mit dem Kunden berichtet wurde – auf sehr direkte und für den Kunden nicht besonders schmeichelhafte Art. Fatalerweise landete eine Ausgabe dieser Zeitschrift beim Kunden, und Martin als Projektleiter sah sich plötzlich mit heftigen Vorwürfen konfrontiert.

Was war passiert? Der zuständige Vice President, als Account Manager für das Projekt zuständig, hatte den Artikel verfasst und seine persönlichen Differenzen mit dem Kunden detailliert ausgebreitet. Als Projektleiter musste Martin nicht nur die Vertrauenskrise in der Zusammenarbeit mit dem Kunden bewältigen, sondern sah sich plötzlich auch damit konfrontiert, dass mit Hinweis auf diesen Vertrauensbruch ein Teil des Honorars, das als erfolgsabhängiger Anteil festgesetzt worden war, gekürzt wurde. Weil sowohl Account Manager als auch die Rechtsabteilung tatsächlich Unklarheiten in der Vertragsgestaltung zugelassen hatten, entging Martin plötzlich seine sicher geglaubte Beförderung – denn das Projekt wurde nicht mehr als persönlicher Erfolg gewertet, sondern galt aufgrund der massiven Eskalation bis zu den Anwälten und der gekürzten Marge plötzlich als Sorgenkind und Flop.

Als Manager schaffen Sie es nicht mehr, alle Aufgaben selbst zu erfüllen. Also lassen Sie jetzt andere in den Daten wühlen: Sie lernen auf dieser Karrierestufe, Aufgaben an andere zu delegieren und geduldig die vielfachen Iterationen zu durchlaufen, bis der engagierte Junior Consultant die Präsentation oder Excel-Tabelle genauso aufgebaut hat, wie Sie es sich vorstellen. Anfangs bereitet diese Umstellung den meisten Probleme, denn eben noch war man Herr über seine Arbeitsergebnisse und wird jetzt plötzlich mit den eigenen Köpfen von Zuarbeitern konfrontiert, die das Briefing anders verstehen und unter Umständen etwas völlig anderes entwickeln, als Sie sich vorgestellt haben. Der Trost: Im Laufe der Zeit werden Sie Schlüsselkompetenzen erweitern, insbesondere

- lernen Sie, noch genauer zu delegieren und ein klares Bild Ihrer Erwartungen zu vermitteln. Manchmal hilft eine kleine Bleistiftzeichnung mehr als viele Worte, damit Ihre Teamkollegen wissen, was Sie sich vorstellen;
- werden Sie geduldiger und akzeptieren manche Schleife, in der Sie die produzierten Ergebnisse überprüfen (im Beratersprech: »reviewen« – Reviews werden auch die halbjährlichen Mitarbeitergespräche genannt). Erweitern Sie behutsam die Kompetenzen Ihrer Schäfchen dahingehend, dass diese lernen, Ihre Erwartungen bereits zu antizipieren;

- fangen Sie irgendwann an, das kreative Engagement Ihrer Teamkollegen zu schätzen. Dann können Sie sich zurücklehnen und den Augenblick genießen, in dem Ihnen bewusst wird, dass alle Projektbeteiligten genau wie Sie einen Projekterfolg wollen und dass es eigentlich nur ganz weniger Leitlinien bedarf, um gute Ergebnisse zu produzieren: Sie haben ausgewählte, fähige Mitarbeiter, auf deren Ergebnisse Sie auch vertrauen können. Lassen Sie Ihre Pferdchen laufen! Wenn Sie einem Ihrer Mitarbeiter eine Aufgabe geben, wird er sich seine eigenen Gedanken um die Lösung machen. Es erfordert zwar womöglich etwas mehr Zuhören, um zu verstehen, was er aus seinem eigenen Verständnis der Aufgabenstellung als Ergebnis erarbeitet hat, und eventuell rhetorisches Geschick, Dinge zu präsentieren, die man nicht selbst erdacht hat – aber schließlich reifen Sie damit langsam zum Prinzipal.

Principal/Associate: Arbeitstier

Principals, auch: Associates, sind die Arbeitstiere der Beratung. Ihr Aufgabenbereich erstreckt sich nicht mehr nur auf einzelne Projekte, sondern umfasst auch interne Verantwortlichkeiten für eine ganze Abteilung oder zumindest ein Themenfeld. Glücklich, wer sich in dieser Position bereits durch einige große Projekte einen Kunden »erobert« hat. Mit dieser Bindung besitzen Sie ein Pfund, das Sie gegenüber den Account Managern auf Partnerund VP-Level auszeichnet: Sie präsentieren sich regelmäßig noch auf Projekten vor Ort, haben »Ihr Ohr« näher beim Kunden und bei den Ansprechpartnern.

Allerdings kann diese Position auch sehr anstrengend sein: Wenn Sie (Ehe-)Glück haben, bescheren Ihnen zu Hause kleine Kinder gerade schlaflose Nächte, und Sie hadern damit, ob Sie die Übernachtungen im Hotel als Erholung oder die Abwesenheit von Ihrer Familie als Strafe bewerten sollen. Wenn gleich auf mehreren Projekten heiße Phasen anstehen oder Konflikte drohen, die Ihr Eingreifen erfordern, werden Sie auch abends und am Wochenende darüber nachdenken und gegebenenfalls sogar zu diesen »Unzeiten« arbeiten müssen. Mit einem Wort: Sie sind der klassische Kandidat für einen Herzinfarkt mit Ende 30. Als Trost winkt Ihnen der Partnerlevel – wenn Sie es schaffen, Ihre Position auch intern so zu verfestigen, dass Sie eine stabile Beratertruppe haben, auf deren Qualität Sie sich verlassen können und die selbstständig agiert.

Sie sind es mittlerweile gewohnt, nur noch Ziele und Aufgaben vorzugeben, die dann erfüllt werden. Gelegentlich wird es Sie jucken, auch noch selbst zum Stift zu greifen oder PowerPoint zu öffnen, doch zwischen Meetings und Telefonkonferenzen bleibt Ihnen höchstens noch Zeit, beim Frühstück auf Ihrer Papierserviette die Storyline für die nächste Präsentation zu notieren. Den Kampf mit dem Faxgerät, das die Serviette zerfetzt, überlassen Sie gerne dem Concierge Ihres Hotels – doch bevor Sie das ausbleibende Ergebnis monieren, sollten Sie beim beauftragten Mitarbeiter anfragen, ob Ihre Kritzelei auch angekommen ist und lesbar war. Viele wichtige Dinge fallen einem am Telefon ausgerechnet dann ein, wenn man gerade auf dem Weg ins nächste Funkloch ist. Nehmen Sie sich die Zeit, ab und an innezuhalten und zu überprüfen, ob alle noch mit Ihnen Schritt halten. Ist jeder auf dem neuesten Stand? Sind alle Informationen verteilt? Richten Sie regelmäßige Termine mit Ihren Truppen ein (per Telefonkonferenz, Skype oder persönlich), in denen Sie sich einen aktuellen Überblick verschaffen – sowohl über den fachlichen Fortschritt wie auch die Stimmung im sozialen Miteinander.

Partner/Vice President: Top of the Pops

Herzlichen Glückwunsch, Sie haben es geschafft! Sie sind Miteigentümer der Firma und damit in die Partnerschaft aufgenommen, oder, falls Ihr Unternehmen eine andere Gesellschaftsform hat, als Vice President nahezu unangreifbar. Wenn Sie überhaupt noch arbeiten und nicht den ganzen Tag auf dem Golfplatz oder auf Ihrer Segeljacht verbringen, dann stehen Sie jetzt als einer der »Silberrücken« ganz oben an der Spitze. Sie verdienen an jedem Tag, den eines Ihrer Schäfchen beim Kunden ableistet, mit. Ihre Arbeit besteht überwiegend im »Netzwerken«: Ihre Kontakte zu den Kunden sind Ihr Kapital. Idealerweise sind Ihnen diese Kontakte als »Accounts« zugewiesen: Als Account Manager sind Sie für das gesamte Geschäft mit diesem Kunden verantwortlich. Wenn ein eifriger Principal sein Projekt bei Ihrem Kunden erfolgreich in die Verlängerung führt – gut für Sie, denn daran werden Sie verdienen.

Sie finden beim Diner im Sternerestaurant heraus, wo Ihre alten Freunde in den Konzernen der Schuh drückt, schicken Ihre hungrigen jungen Kollegen an die Front und lassen diese die Probleme lösen. Geschäftsbereich im Maschinenbau nicht mehr profitabel? Schlechte Presse wegen mangelnder Produktqualität in der Automobilindustrie? Hohe Kosten im Versicherungswesen, die auf den jährlichen Bonus drücken? Unternehmen übernommen, das jetzt integriert werden soll? Sie finden sicher in Ihrem Teil der Pyramide ein paar Spezialisten, die Sie mit Hintergrundwissen befeuern und die sich motiviert und mit Engagement auf diese herausfordernden Aufgaben stürzen. Zum Wohle Ihres alten Bekannten und Ihres eigenen Bankkontos.

Gefahr droht Ihnen nur, wenn einer der Projektleiter sich zu sehr engagiert und Ihnen das Wasser abzugraben versucht (schließlich ist er einfach »näher dran«) – oder wenn Ihr Counterpart, Ihr bisheriger guter Kontakt in der Wirtschaft, plötzlich beschließt, in den Vorruhestand zu gehen, im schlimmsten Fall nicht freiwillig. Wenn Sie diesen Kontakt dann verlieren, ist es höchste Zeit, Notfallmaßnahmen einzuleiten.

Deswegen empfiehlt sich eine Verteilung der Kontakte auf mehrere Kanäle. Verlassen Sie sich nie zu sehr auf einen Ansprechpartner. Pflegen Sie einen guten Draht zu Ihrem direkten Gegenüber in der Konzernwelt, der für die Beauftragung von Beratern zuständig ist, eröffnen Sie aber gleichzeitig noch andere Kanäle in das Unternehmen – zum Beispiel, indem Sie frühzeitig die hoffnungsvollen, aufstrebenden Paladine kennenlernen. Wenn Sie als Finanzexperte den Finanzvorstand (»Chief Financial Officer«, CFO) eines Unternehmens kennen und erfolgreich Projekte an ihn verkaufen, erkundigen Sie sich nach den Projektleitern, und knüpfen Sie Kontakte zu den guten! Womöglich sind es die kommenden Stars, die dann händeringend Hilfe brauchen, wenn sie sich unversehens selbst auf dem Vorstandssitz wiederfinden. Gut, wenn Sie sich in solchen Phasen des Wechsels im Topmanagement als Garant für intime Kenntnisse und Konstanz empfehlen können – schlecht, wenn Ihnen die vom Nachfolger immer schlecht bewertete Leistung des Vorgängers angehängt wird und Sie mit dem Schiff untergehen.

Wenn Ihr bisheriger Ansprechpartner wechselt, empfehlen sich Eröffnungssätze wie: »Da beglückwünschen wir Sie zu Ihrem neuen Aufgabenfeld. Lassen Sie uns gleich die Chance ergreifen, endlich die Dinge anzugehen, die Ihr Vorgänger so schmählich vernachlässigt hat – obwohl wir ihm intensiv zugeraten haben.« Seien Sie gut auf die Agenda des Neuen vorbereitet, Sie werden offene Türen einrennen, wenn Sie bereits einen Aktionsplan mit entsprechenden Projektvorschlägen präsentieren. Denken Sie daran, dass in Ihrer Position ein wesentlicher Anteil Ihres Einkommens variabel ist – Sie sind als Partner, Firmenteilhaber oder als leitender Angestellter mit Führungsposition direkt am Unternehmenserfolg beteiligt.

Allerdings können Sie auch davon ausgehen, dass alle Ihre Mitarbeiter weiterkommen wollen – und da alle auf den Projekterfolg und den Verkauf von Nachfolgeprojekten als entscheidenden Faktor getrimmt sind, wird die ganze Truppe Sie nach besten Kräften unterstützen – schon allein aus Eigeninteresse. Sie profitieren sozusagen direkt vom positiven Ende dieses Kettenbriefmodells: Alle jungen Kräfte arbeiten Ihnen zu.

Ansonsten ist jetzt die Zeit, sich auf das zu besinnen, was Sie »eigentlich« schon immer einmal machen wollten: ein Buch schreiben, Ihr Ferienhaus in der Toskana ausbauen – oder endlich ein eigenes Unternehmen gründen.

Beraterorganisation: Gefangen in der Matrix

Das Innere der Beraterwelt ist kreuzweise ausgerichtet: Alle Unternehmensberatungen, die nicht branchenfixiert sind, sondern die gesamte Vielfalt des Wirtschaftslebens abbilden wollen wie McKinsey und Konsorten, müssen organisatorisch einen Spagat vollbringen. Da sie dem Kunden sowohl Branchen- wie auch Fachexperten versprechen, unterhalten sie für beide Bereiche eigene Abteilungen. Dabei helfen Fachexperten mit ihrem Wissen branchenübergreifend bei spezifischen Problemen: Das Know-how zur Gestaltung von Distributionsprozessen wird sowohl für einen Chemiekonzern wie für einen Spielzeughersteller angeboten, wobei die Vertriebsspezialisten im Idealfall jeweils mit Brancheninsidern zusammen eine Lösung entwickeln.

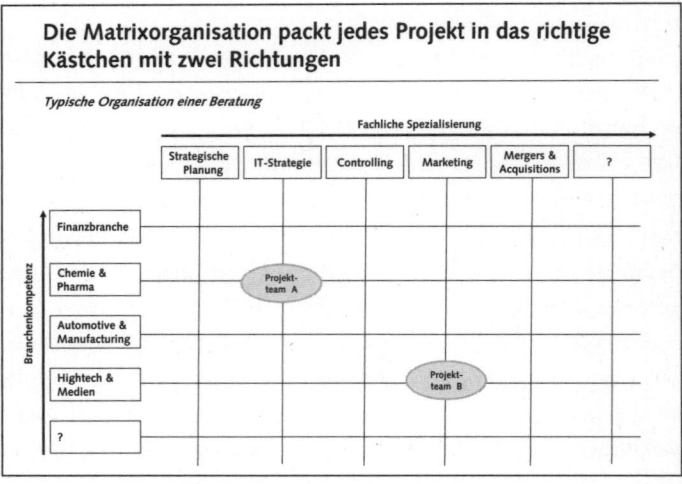

Abbildung 7: Matrixorganisation von Beratungen

Die Beratertruppe der Marketingspezialisten wird so mit entsprechender Schützenhilfe von Branchenexperten durch die Unternehmen von Finanzdienstleistern, Sportartikelherstellern und Krankenhausbetreibern gejagt. Das hat Konsequenzen – zuallererst im Hinblick auf die Kandidatenauswahl für Führungspositionen in Unternehmensberatungen. Neueinsteiger von der Uni, die als »junge Hunde« ohne Branchenerfahrung starten, erhalten quasi die rote Pille und werden den Funktionsspezialisten zugeordnet – exzellente Studienabsolventen, deren herausragende Leistungen hoffen lassen, dass sie sich selbst dann schnell als Experten für ein Thema wie Beteiligungscontrolling positionieren, wenn das Studienfach Atmosphärenchemie war und die Dissertation sich mit der Aerosolverteilung in der Stratosphäre vor der industriellen Revolution beschäftigt hat. Schnelle Aufnahme- und Anpassungsfähigkeit sowie gesundes Selbstbewusstsein mit einer Prise Arroganz sind hier gefragt – damit niemand in Versuchung gerät, den Expertenstatus zu hinterfragen.

Diesen Fach-Cracks stehen altgediente Kämpen mit Branchenerfahrung gegenüber: mit einer blauen Pille als Überläufer aus den Großkonzernen der jeweiligen Branche gewonnen, wollen sie sich nicht selten ihre langjährige Berufserfahrung und ihr Netzwerk an persönlichen Bekanntschaften im mittleren und gehobenen Management des früheren Arbeitgebers und seiner Wettbewerber durch einen Wechsel in die Beratung vergolden. Nicht immer muss solch ein Wechsel eine freiwillige Änderung des Lebensmodells sein – manch einer rettet seine abgebrochene Karriere nach dem Abschuss in die Unternehmensberatung. Das bedeutet im schlechtesten Fall, dass man mit ausgesiebten »Underperformern«, Nichtwissern oder gescheiterten Entscheidungsträgern auskommen muss. Was aber kein Problem darstellt, schließlich ist die Ausbildung zum Experten und die geschickte Platzierung dieser aufgebauten Kompetenz bei den Entscheidungsträgern das Geschäftsmodell der Berater. Das mag bei einem 50-jährigen Abteilungsleiter aus einem Automobilkonzern, der den Ansprüchen seines Vorstandes nicht genügt hat und deswegen aufgrund von ein paar falsch abgerechneten Reisekosten gehen musste, eine höhere Hürde darstellen als bei einem 23-jährigen Promotionsabsolventen – aber wer wüsste besser um den Bedarf an Hilfe und die geheimen Stolperfallen im Wirtschaftsleben der Kunden als diejenigen, die bereits einmal an Unzulänglichkeiten gescheitert sind?

In der Folge sind die Projektmitarbeiter aber im Spinnennetz dieser Matrix gefangen: Jedes Projekt wird von zwei Seiten unter die Fittiche genommen, vom Leiter der fachlichen Unit ebenso wie vom verantwortlichen Branchenexperten. Der Primat geht zuerst vom Kundenverantwortlichen, dem Account, aus, der in der Regel der Branche zugeordnet ist. Da aber jeder Abteilungsleiter für den Umsatz verantwortlich zeichnet, der unter seiner Ägide erwirtschaftet wird, beanspruchen in diesem Falle gleich zwei Köpfe den Erfolg für sich. Überprüft man in einem Beratungsunternehmen, ob die Summe der verbuchten Erfolge eigentlich dem verkauften Umsatz entspricht oder wie oft ein verkaufter Euro als persönlicher Erfolg in den Büchern diverser Führungskräfte auftaucht, erlebt man so manche Überraschung und wundersame Vermehrung.

Im schlimmsten Falle schlägt sich dieses Spannungsgefüge auch in der organisatorischen Führung nieder. Als Projektleiter werden Sie es vielleicht bald zu schätzen wissen, wenn der Branchenexperte seinen Job nach Vertragsunterzeichnung als erledigt ansieht und sich vollständig auf die Auftragsgewinnung beschränkt. Nichts ist schlimmer als ein ehemaliger Manager aus der Automobilindustrie, der in seinem früheren Arbeitsleben für Forschung und Entwicklung verantwortlich war und sich nun plötzlich dazu berufen fühlt, zu Fragen der Vertriebsstruktur Stellung zu nehmen und den Fachexperten aus dem eigenen Hause Vorschläge zu machen, wie sie das Projekt angehen sollten.

Gönnen Sie ihm seinen Verkaufserfolg, denken Sie nicht allzu lange darüber nach, dass er wahrscheinlich bei der Vertragsanbahnung nicht wirklich wusste, wovon er redet, und konzentrieren Sie sich darauf, die Kartoffeln so aus dem Feuer zu holen, dass der Kunde anschließend zufrieden ist – und fordern Sie nicht noch weitere Leistungen von ihm. Sind Sie im Gegenzug Fachexperte für Krankenhäuser, dann seien Sie nachsichtig mit Ihren Kollegen, die das Thema Prozessoptimierung bereits bei einem Papier-, einem Kaugummi- und einem Autohersteller bearbeitet haben und jetzt auf einmal Probleme damit bekommen, von toten Produkten auf medizinische Dienstleistungen umzuschalten.

Kollegen: Mentoren, Mentees und Mentos

Damit den Beratungshäusern die Mitarbeiter nicht in der Matrixorganisation verloren gehen und ihr Kompetenzaufbau hinreichend begleitet wird, hat sich ein Modell durchgesetzt, bei dem jungen Mitarbeitern ein erfahrener Kollege als Mentor an die Seite gestellt wird. Der Mentor ist primäre Bezugsperson für alle formalen Fragen, die sich die »Newbies« sonst nicht zu stellen wagen: Wie viele Taxirechnungen kann ich pro Projekttag einreichen? Wie kaschiere ich den Besuch im Nightclub so, dass ein Kundenessen daraus wird? Was mache ich, wenn ich mit meinem Chef nicht zurechtkomme? Darüber hinaus begleitet er seinen Mentee auch auf dem Karriereweg und hilft bei Entscheidungen wie: Wie werde ich möglichst schnell befördert? Für welche Projekte sollte ich mich positionieren, welchen Teams besser aus dem Weg gehen? Welche intern angebotenen Schulungskurse lohnen sich?

Als Mentee lernt man schnell, dass diese Instanz ein Gegengewicht zur Beurteilung durch die Projektleitung und eventuell sogar zu Ihrem Vorgesetzten sein kann. Daher empfiehlt es sich, einiges in ein vertrauensvolles Verhältnis zu investieren. Von einem guten Mentor können Sie nicht nur Grundlegendes lernen, sondern vor allem Rückendeckung in politisch »heiklen« Situationen erwarten, zum Beispiel wenn Sie auf einem Projekt Probleme mit dem Führungsstil des Projektleiters haben. Da Sie Ihre jährliche Leistungsbewertung unter Umständen zuerst mit Ihrem Mentor besprechen, hängt die eigene Beförderung maßgeblich von seiner Beurteilung ab: Welches Bild hat er von mir? Was kann ich ihm gegenüber als Erfolg verkaufen? Insofern lohnt es sich, sich mit der Auswahl des Mentors frühzeitig zu befassen. Sofern das Unternehmen den neuen Mitarbeitern einen Mentor zuweist, sollte man sofort herauszufinden versuchen, wie dieser positioniert ist: Mit welchen Seilschaften ist er verbunden? Wen kennt er? Kann er die eigenen Mentees angemessen verteidigen?

Meist verfolgen Unternehmensberatungen eine Karrierepolitik, bei der eine bestimmte Anzahl von Leistungsträgern mit einer Beförderung auf die nächste Stufe belohnt wird. Schafft es der Mentor, die Leistungen seines Mentees in der jährlichen Runde der Mitarbeitergespräche auch dem Management so zu vermitteln, dass sein Schützling als möglicher »Hot Shot« überhaupt wahrgenommen wird? Schließlich werden Leistungen hauptsächlich beim Kunden erbracht – und außer dem Projektleiter erfährt zunächst niemand davon. Es wird Ihre Aufgabe sein, Ihre Leistungen Ihrem Vorgesetzten und

Ihrem Mentor gegenüber so darzustellen, dass Sie als be-
förderungswürdig erkannt werden. Geschenkt wird Ihnen
nichts – kümmern Sie sich rechtzeitig darum. Ein frischer Atem kann helfen, deswegen sorgen Sie für einen
ausreichenden Vorrat an Pfefferminz in Ihrer Notebooktasche!

Outfit: Girls go crazy 'bout a sharp dressed man!

Unternehmensberater gelten gemeinhin als das Gegenteil
von Fashion Victims: Die dunkelgrauen Anzüge dieser
Pinguinwelt sind fast schon ein Erkennungsmerkmal, auf
jeden Fall aber sprichwörtlich. Nüchtern betrachtet ver-
mag dieser Drang nach Designer-Anzügen und Manschet-
tenknöpfen überraschen, wenn sich der Großteil des
Lebens doch in Bürohinterzimmern vor den Bildschirmen
abspielt. Aber in jedem Berater steckt wohl ein kleiner
Thomas Gottschalk, der bei seiner Präsentationsshow
wenn schon nicht durch Rüschenhemd und Samtrock, so
doch wenigstens durch den maßgeschneiderten Anzug
glänzen will, an dem keine Falte stört, wenn der eigene
Vortrag durch großzügige Gesten untermalt wird.

Darüber hinaus aber ist dieser Kleidungscode ein Abgren-
zungsmerkmal: In den Kantinen der Dax-Konzerne und
auf den Fluren der Businesshotels erkennen sich die Träger
gedeckter Töne und dezenter gestickter Initialen auf den
Umschlagmanschetten schon von Weitem als zur gleichen
Art gehörig. So wie karierte Sakkos und beige Cordhosen
auf die Tristesse deutscher Amtsstuben und Lehrerzimmer
verweisen, verleiht das graue Business-Outfit dem Träger
einen Hauch professioneller Kompetenz. Achtung mit den

dunkelblauen, die sind nur für Mitarbeiter der Firmen IBM und Roland Berger tragbar! Ansonsten gelten bereits helle Grautöne als auffällig und höchstens für den Sommer geeignet. Mancher junge Kollege hat bereits versucht, den Kleidungsstil durch Braun- und Beigetöne zu revolutionieren, diese Versuche aber bald wieder eingestellt.

Wenn Sie selbst Unternehmensberater sind: Sehen Sie es als Vorteil. Als Mann können Sie Ihre Packlogistik erheblich optimieren, wenn Sie nicht immer auf die passenden Kombinationen von Hemd, Krawatte, Gürtel und Schuhen angewiesen sind, sondern sich aus einer neutralen Palette den Farbtupfer der Krawatte als hinreichend individuell zugestehen. Dass in kürzester Zeit der Austausch aller Socken gegen 20 Paar eines guten Standardmodells von schwarzer Farbe das Leben erheblich erleichtert, hat sich mittlerweile herumgesprochen. Einen entsprechend unauffälligen, neutralen Anzug bekommen Sie inzwischen bei Maßkonfektionären günstiger als von der Stange. Dann müssen Sie zwar auf das namhafte Logo verzichten, werden dafür aber mit dezent eingestickten Initialen entschädigt – ganz abgesehen von der garantiert besseren Passform.

Weiterer Vorteil: Ein gut sortierter Maßkonfektionär wird Ihnen eine Vielfalt an Stoffen anbieten (nehmen Sie gleich mehrere verschiedene pro Schnitt, wenn Sie nach dem ersten Versuch mit der Schneiderarbeit zufrieden sind). Sie können dann beruhigt davon ausgehen, dass diese Exemplare tadellos an Ihnen sitzen – zumindest solange sich nicht allzu viele Abendessen mit Kunden in Ihrer Hüftgegend abgesetzt haben. Nutzen Sie die Bandbreite der Stoffmuster. Vor allem in der Businessclass der großen Fluggesellschaften wird es Usus, dass man Ihnen freundlicherweise den Anzug abnimmt. Wer einmal den vielstimmigen Chor der »Das ist meins«-Rufer gehört hat, wenn die Stewardess beim Ausstieg nach einem dunkelgrauen Sakko greift, wird sich wehmütig daran erinnern, welche Vielfalt an Nadelstreifenmustern es gibt (die noch dazu so schlank machen sollen, dass man die letzten Kunden-Dinner locker darunter verbergen kann).

Aber auch bei größtmöglicher Standardisierung werden Ihnen zwangsläufig einmal die typischen Patzer unterlaufen: die falsche Hose zum Sakko, zwei unterschiedliche Socken und die umgestülpte Buchse. Die Auswahl der falschen Hose zum Sakko lässt sich durch einige einfache Regeln umgehen:

Bemühen Sie sich um helle Beleuchtung an Ihrem Kleiderschrank – auch schon frühmorgens, wenn die Welt noch dunkel ist (das kann in einigen Hotels zum Problem werden, die sich offensichtlich aus Energiespardrang darin zu überbieten scheinen, möglichst schummrige Beleuchtung in Kleiderschranknähe einzusetzen). Vertrauen Sie nicht allzu sehr auf den letzten Blick beim Aufbruch – erstens werden Sie dazu morgens nur selten Zeit haben, und selbst wenn Sie daran denken und nachsehen, wird die Zeit zu knapp sein, um nochmals umzukehren und das passende Sakko zu suchen. Bedenken Sie, dass Sie im Falle eines notwendigen Sakkowechsels auch noch die ganze Ausrüstung in den Taschen (Privathandy, Firmenhandy, Portemonnaie, Bonuskartentäschchen, Visitenkartenetui, Schlüssel) umpacken müssen.

Gewöhnen Sie sich an, die Sakkos stets direkt zu den Hosen auf die Kleiderbügel zu hängen. Es gibt kombinierte Modelle, die aus einem Sakkobügel mit integriertem Hosenklemmbügel bestehen, in den die unteren Hosenbeine eingehängt werden. Der Vorteil: Die Hose hängt senkrecht nach unten, die Falte sitzt perfekt – und

Ihr Anzug bleibt im Schrank auf jeden Fall zusammen. Da in der Regel auf der Suche nach der passenden Sakko-Hose-Kombination mindestens ein weiterer Handgriff (nach dem zweiten Bügel) von 2,5 Sekunden und ein prüfender Blick (1,5 Sekunden) notwendig sind, rechnet sich die Investition in solche Bügel alleine an den 200 Arbeitstagen eines Jahres auf 200 x 4 = 800 Sekunden oder umgerechnet über 13 Minuten gewonnener Zeit hoch. Kleiderbügel mit Querstange sollten Sie ohnehin ausrangieren, denn Ihre Hosen hängen auf ganzer Länge besser die Bügelfalte aus und Sie riskieren keine horizontalen Streifen auf Kniehöhe. Alles in allem also überzeugende Argumente und eine Idee, was Sie auf Ihren nächsten Weihnachtswunschzettel setzen können. Da Unternehmensberater meist zu den Menschen gehören, die keine materielle Not leiden und sich prinzipiell jeden Wunsch selbst erfüllen können, werden Ihnen Ihre Freunde für solche Anregungen höchstwahrscheinlich ausgesprochen dankbar sein.

Das Problem mit den zwei unterschiedlichen Socken ist eine Folge mangelnder Konsequenz bei der Standardisierung. Wahrscheinlich sind Sie Opfer einer Bonusaktion Ihres Herrenausstatters geworden, der Ihnen, beglückt durch die Bestellung von fünf Anzuggarnituren, noch vier Paar schwarze Socken beigelegt hat, die allerdings nicht Ihrem Standardmodell entsprechen. Die Unterschiede mögen Außenstehenden kaum auffallen, aber Ihnen werden die verschiedenen Materialien am Bündchen den ganzen Tag in Erinnerung rufen, dass Sie einen schwachen Moment hatten, nicht entschieden genug Nein zu sagen. Merke: Als aufstrebender Berater können Sie das Schnäppchenjägertum allmählich einstellen.

Den dritten Fall der falsch angezogenen Unterhose kennen wahrscheinlich alle Herren, die schwarze Unterwäsche ihr Eigen nennen. Im morgendlichen Dämmerschlaf und bei schlecht beleuchteten Kleiderschränken finden die Beine den Weg manchmal von der falschen Seite – was zumeist erst Stunden später beim ersten Gang auf die Toilette auffällt. Trösten Sie sich damit, dass außer Ihnen niemand merken wird, dass die Unterwäsche ihre Nähte nach außen zeigt.

Zwischen Unter- und Oberbekleidung befindet sich das kleine, aber feine Detail: das Hemd. Spätestens mit dem Sprung zum Senior Consultant sollten die C&A-Hemden langsam aber sicher durch Modelle mit Umschlagmanschette ausgetauscht werden – idealerweise maßgeschneidert, sicher jedoch aus dickeren Stoffen mit herausnehmbaren Kragenstäbchen. Initialen auf der Brusttasche müssen nicht sein und vermitteln im Zweifelsfall zu viel Selbstdarstellungsdrang – es reicht vollkommen, wenn Sie sich von Ihren Kunden dadurch absetzen, dass Sie konsequent Manschettenknöpfe tragen. Falls Sie einen Weg suchen, Ihre Hemden, die dann natürlich nicht mehr bügelfrei sind, in der Reinigung leicht zu identifizieren, genügt eine Ton-in-Ton-Stickerei mit Ihren Initialen auf der Manschette.

Zur Erledigung der Bügellogistik empfiehlt sich übrigens entweder eine 24/7-Reinigung, wie sie praktischerweise in Großstädten oft in Bahnhofsnähe zu finden ist. Dort können Sie Ihren wöchentlichen Hemdenverbrauch auch in der knappen Zeit zwischen Samstagmorgen und Sonntagabend auswechseln. Noch effektiver ist die Übergabe dieser Aufgabe an Ihre gute Wohnungsfee, die zweifellos sowieso einmal die Woche vorbeischaut, um den Brockhaus abzustauben und die Blumen zu gießen.

Farblich zur Krawatte passende Einstecktücher in der

Brusttasche sind übrigens bei Hochzeitsgesellschaften angemessen, auf Beratungsprojekten oder bei Präsentationen wirkt man damit schnell wie eine von der Silvesterfeier entlaufene Loriot-Karikatur. Im Prinzip ist es ganz einfach: Wenn Sie so unauffällig aussehen, dass jeder Sie für einen FBI-Agenten halten könnte, dann tragen Sie das richtige Outfit.

Nun fehlen nur noch einige weitere Accessoires, die aus Ihnen einen ganzen Unternehmensberater machen: Trolley, Laptoptasche und Laptop.

Alltagsgegenstände I: Der Trolley

Das wichtigste Utensil des Beraterdaseins ist der Trolley. Er ist in der Regel für mindestens vier Tage die Woche der Container für Ihr Leben. Wählen Sie Ihr Modell daher mit Bedacht. Fallen Sie nicht auf die oftmals angepriesenen »Handgepäck-Abmessungen« herein. Erstens sind die Angestellten der Fluggesellschaften mittlerweile unnachgiebig geworden und lassen Sie entweder das Handgepäck auf die Waage stellen, oder mit Verweis auf Ihre Laptoptasche fällt das Argument: »Ein Gepäckstück als Handgepäck erlaubt.« Selbst wenn Sie es schaffen, den Trolley als Handgepäck mitzunehmen, anstatt ihn einzuchecken, müssen Sie mit entwürdigenden Auspackprozeduren beim Security-Check rechnen.

Tun Sie sich selbst einen Gefallen, und zeigen Sie Mut zur Auffälligkeit. Sie werden überrascht sein, wie viele andere Reisende ebenfalls auf Samsonite vertrauen und dabei auch noch die Farbe Schwarz bevorzugen. Das heißt nicht zwangsläufig, dass Sie einen orangefarbenen Trolley kaufen müssen, aber machen Sie sich rechtzeitig Gedanken darüber, wie Sie Ihrem treuen Begleiter eine persönliche Note geben können. Da die schmutzabweisenden

Oberflächen der modernen Bezugsstoffe denkbar ungünstiger Untergrund für Aufkleber aller Art sind, eignen sich ein buntes (aber zugegebenermaßen albernes) Kofferband oder eine »kleine« Markierung wie ein auffälliges Namensschildchen oder Schleifchen – mit dem Nachteil, dass diese Markierungen nicht in allen Kofferlagen auf dem Gepäckband erkennbar sind, sodass eine gewisse Unsicherheit beim Griff nach dem Gepäckstück nicht auszuschließen ist. Gewöhnen Sie sich trotzdem immer den Blick auf den Namen des Gepäcklabels an – es reicht, wenn Sie sich vorstellen, wie unangenehm überrascht Sie wären, wenn Sie eine etwaige Verwechslung erst abends im Hotel bemerken würden.

Alltagsgegenstände II: Die Laptoptasche

Auch wenn es heutzutage längst »Notebook« und nicht mehr Laptop heißt, seit die Rechner Ende der Neunzigerjahre die Gewichtsklassen von Bankdrückhanteln unterschritten haben und ihre Tastaturen auf ein Format geschrumpft wurden, bei dem man die am häufigsten verwendeten Tasten wie etwa die Löschtaste »Entf« garantiert nur noch an ungewöhnlichen Positionen wie »oben rechts in der Ecke« findet, hat sich die alte Bezeichnung für die Tasche doch überraschend hartnäckig gehalten.

Bereits bei Ihrer Einführung sollte Ihnen Ihr Arbeitgeber neben dem Rechner eine Tasche für Ihr wichtigstes Stück ausgehändigt haben. Seien Sie froh, wenn es sich um ein billiges Plastiklederimitat aus Fernost handelt, statt um eine »hochwertige« Textilgewebetasche mit eingenähtem Firmenlogo. Im ersten Fall wird es Ihnen leichter fallen, die Tasche nach wenigen Wochen mit dem Hinweis auf eine gerissene Ösenaufhängung auszurangieren und selbst für Ersatz nach Ihrem Gusto zu sorgen. Im anderen Fall werden Sie damit leben müssen, als Zielscheibe für Kreditkartenverkäufer am Flughafen bereits auf viele Meter Entfernung erkennbar zu sein.

In jedem Fall können Sie davon ausgehen, dass Ihre Tasche von schwarzer Farbe sein wird. Damit nehmen Sie auch automatisch an einem der größten kollektiven Intelligenztests teil, der Sie neben der Identifikation des eigenen Trolleys am Gepäckband beschäftigen wird: der Kampf um die eigene Notebooktasche unter Kollegen. Gefürchtetes Worst-Case-Szenario wäre natürlich das Öffnen der Tasche beim Kunden zur Präsentation eines Proposals, um dann festzustellen, dass man beim Aufbruch am Morgen aus Versehen zur Tasche des Chefs gegriffen hat.

Nutzen Sie daher die Möglichkeit, Ihre Individualität durch die Wahl einer entsprechenden Tasche unter Beweis zu stellen. Seien Sie bestärkt: Es gibt nicht nur hässliche Modelle – und nicht nur schwarze. Man muss nicht gleich zur Fahrradkurier-Planentasche greifen, Ledertaschen sind zeitlos und können elegant altern. Puristen werden darauf achten, dass der Stil von Verschluss und Nähten zu ihren rahmengenähten Schuhen passt.

Alltagsgegenstände III: Das Notebook

Zeige mir dein Notebook, und ich sage dir, wer du bist. Je nach verwendetem Modell lassen sich Rückschlüsse auf den Benutzer ziehen. Machen Sie den Test am Flughafen, wenn Sie das nächste Mal am Gate auf das Boarding warten: Lassen Sie den Blick schweifen, und achten Sie auf die Notebooks, die Sie sehen, und deren »Halter«. Folgende Typen werden Sie identifizieren können:

ThinkPads, die im neuen chinesischen Lenovo-Mäntelchen nichts von ihrem IBM-Charme verloren haben: das

Notebook für Ingenieure und IT-Berater: Alle Anschlüsse sind vorhanden und gut erreichbar, das Konzept ist durchdacht, und der legendäre Ruf suggeriert, dass man mit den Geräten zur Not auch noch einen Nagel in die Wand schlagen könnte. Gedankenverloren spielt mancher Nutzer mit dem gummiartigen Touchpoint in der Tastaturmitte und mag ihn nicht mehr missen.

Dell- oder HP-Rechner im 15-Zoll-Format: Die »Arbeitstiere« unter den Rechnern, wie sie alle großen Unternehmensberatungen und Konzerne auf der Grundlage von Rahmenverträgen an ihre Mitarbeiter ausgeben. Insofern kann man davon ausgehen, dass die Benutzer zu den Heerscharen eines großen Beratungshauses gehören.

Subnotebooks im 10- bis 12-Zoll-Format: Rechner für diejenigen, die bereits gelernt haben, sich zu beschränken und den Luxus des »weniger ist mehr« auch auszuleben vermögen, also in der Regel Associates, Partner oder Vice Presidents, die darauf vertrauen können, dass alle Details, die genaues Hinschauen erfordern, von ihren Untergebenen erfüllt werden. Und zum Lesen und Schreiben von E-Mails sowie zur Steuerung einer Präsentation reicht der kleine Bildschirm in jedem Fall aus.

Apple MacBooks: Vorsicht, hier handelt es sich um Fremdkörper in Ihrer Welt! Sollte der Benutzer tatsächlich Schlips und Anzug tragen statt Dolce&Gabbana-Jeans, die von Secondhand-Klamotten nur durch das überdimensionale Label zu unterscheiden sind, dann haben Sie mit großer Wahrscheinlichkeit einen »Berater« der Werbe- oder Marketingindustrie vor sich – oder einen jungen, aufstrebenden Musikproduzenten, der vergebens versucht, bei den Verhandlungen mit einem Major Label seriös zu wirken. Im schlimmsten Falle könnte es sich auch um ein Mitglied der schreibenden Zunft handeln, welches gerade am nächsten Enthüllungsbuch über die Jetset-Welt der Berater arbeitet.

Alltagsgegenstände IV: BlackBerry, iPhone und andere Versklavungsinstrumente

Kernkompetenz aller Unternehmensberater ist die Kommunikation: sei es in Form von PowerPoint-Slides oder als geschliffener Vortrag, letztendlich wird man dafür bezahlt, Inhalte zu verarbeiten und das Ergebnis zu kommunizieren. Da ein immer größer werdender Teil dieses Prozesses sich im digitalen Umfeld und noch dazu zeitkritisch abspielt, wundert es nicht, dass Berater zu wahren E-Mail-Junkies werden. Glücklicherweise hat sich die Informations- und Kommunikationstechnologie in diesem Bereich umfangreich entwickelt, sodass es heutzutage keine Ausrede mehr gibt, auch im Urlaub auf Fidschi nicht innerhalb von zwei Stunden auf eine E-Mail zu antworten. So hängen die Berater ständig an der kommunikativen Nabelschnur ihrer kleinen Gadgets und Gizmos.

Apples iPhone und der BlackBerry von RIM kämpfen erbittert um Marktanteile in diesem Segment: Während das iPhone mit dem Style-Argument daherkommt, den Träger mit der Aura des kreativen Hipsters auszustatten, leiden BlackBerrys immer noch unter dem Image, das Tool für bebrillte Informatiker im mittleren Management zu sein, die die Wichtigkeit ihrer Position dadurch zu unterstreichen versuchen, dass sie ihren BlackBerry in einem schusswaffengeeigneten Gürtelholster tragen – und oft auch genauso handhaben. Nichtsdestotrotz hat sich der BlackBerry bisher in der Berufswelt durchgesetzt – vielleicht, um einem Ausufern des außerberuflichen Missbrauchs durch eine Vielzahl installierter Apps entgegenzuwirken. Der Unternehmensberater von Welt muss sich daher entscheiden: den BlackBerry des Unternehmens akzeptieren, oder doch lieber die SIM-Karte ins (private) iPhone stecken, um mit den geliebten weißen Kopfhörern überall zu zeigen, dass man zur Informationselite gehört.

Die Vielzahl an Android-Telefonen, die mittlerweile dieselben Funktionalitäten bieten, kommen allerhöchstens für IT-Berater oder für Technikverliebte infrage, die auch privat lieber auf preiswerte Open-Source-Software setzen, statt sich dem kommerziellen Diktat eines Rundumversorgers wie Apple oder RIM zu unterwerfen. Die große Umarmung von Google wird mit dem Hinweis auf den Firmengrundsatz »Don't be evil« als freundlich akzeptiert, auch wenn die Vorstellung, dass fast alle privaten und beruflichen Daten in Palo Alto liegen, einen leichten Schauer des Unbehagens hervorruft.

Egal, ob BlackBerry, iPhone, Android oder altmodischer Communicator, allen gemein ist die Erhöhung der Verfügbarkeit. Mails kündigen sich in Echtzeit im Biergarten, im Urlaub oder beim Beischlaf mit einem dezenten Hinweiston an und fordern Reaktion. Gleichzeitig bilden diese Geräte so etwas wie die Sicherheitsleine der Sojus-Astronauten beim Weltall-Ausflug: selbst im feindlichsten Projektumfeld gibt es einen Kanal zur großen Beraterfamilie. Die darüber aber dann auch prompte Antwort auf jede Anfrage und Teilnahme an jeder virtuellen und telefonischen Diskussion einfordert. So ist es mittlerweile vollkommen normal, sein Kommunikationsgerät bei einem Date auf den Abendessenstisch zu legen – neben die Serviette, das Display in Blickweite. Dies gehört zwar nicht gerade zum guten Ton, erfüllt aber gleich mehrere Zwecke: Es sichert nicht nur ganz profan vor dem unbemerkten Zugriff von Taschendieben, sondern ist auch ein Ersatz für Herrschafts- und Machtinsignien von Alphamännchen und -weibchen: Sieh her, ich bin wichtig. Darüber hinaus bieten sich Möglichkeiten, durch demonstrative Nichtbeachtung einer SMS oder E-Mail dem Datingpartner in seiner Wichtigkeit zu schmeicheln – oder sich durch den Anruf eines Freundes aus einer peinlichen Situation retten zu lassen, wenn der Abend schiefzulaufen droht.

Unternehmensberater sind froh darüber, dass die Geräte seit den Tagen der frühen Handys an Funktionalität zugelegt haben und mittlerweile Unverzichtbares mitbringen: Apps. Diese kleinen Programme helfen nicht nur bei der Überbrückung freier Minuten (siehe Idle time), sondern bieten vor allem endlose Möglichkeiten zu Spontan- und Frustkäufen unter dem Vorwand des Nützlichen (vielleicht doch mal schnell im App-Store gucken, ob es noch eine Spezialanwendung zur optimierten Verwaltung von To-do-Listen gibt). Über die App »Fring«, mittlerweile abgelöst durch eine eigene Version von Skype selbst, werden die kommunikativen Pfade des Telefonie- und Chatprogramms Skype aufs iPhone gelegt und damit das Telefon zum Telefon gemacht. Die elektronische Wasserwaage hilft, den Monitor gerade zu stellen. Hunderttausende Möglichkeiten, die in ruhigen Bürominuten erforscht werden wollen und, wenn installiert, dann auch danach schreien, benutzt zu werden. Beim Warten an der Supermarktkasse, in der Schlange vor dem Geldautomat oder im Gate am Flughafen ersetzen die Smartphones Tageszeitung, Buch und Leatherman. Nur als Tagebuch taugen sie – der kleinen Tastaturen wegen – schlecht. Dafür muss dann doch das Notebook aufgeklappt werden.

3 | Berateralltag: Stromberg live

Wahrscheinlich haben Sie es schon erlebt, vielleicht haben Sie es noch vor sich: die Routine des Jobs, bei dem angeblich gar keine Routine aufkommen soll. Doch auch hier gibt es eine Struktur des immer Neuen, eine Metastruktur geradezu, die für Kontinuität über die Wochen des Jahres sorgt.

Der Berateralltag kennt drei unterschiedliche Zustände: Montagmorgen, wochentags und Wochenende. In der Regel wird Ihr Alltag nicht an Ihrem Wohn- oder Bürostandort stattfinden, sondern an einem Einsatzort, dem Standort des Kunden. In zentralistischen Ländern wie Frankreich oder auch in Großbritannien, in kleinen Ländern wie den Beneluxstaaten erlaubt dies trotzdem oft eine räumliche Nähe zwischen Lebens- und Arbeitseinsatzort. In dicht besiedelten Industriezentren wie Deutschland oder bei der Arbeit für internationale Konzerne kann jedoch eine umfangreiche Reisetätigkeit erforderlich sein: Die Anwesenheit am gewählten Bürostandort in der Nähe Ihrer Wohnung wird dann auf die wenigen »Office Days« beschränkt bleiben, üblicherweise werden die Wochen dagegen entfernt von zu Hause verbracht.

Abflug und Ankunft

Der Montag beginnt also in der Regel mit Aufbruch: Die wesentlichen Ausstattungsmerkmale eines Beraters, Anzug, Trolley und Laptoptasche, werden im Halbschlaf zusammengesammelt und mühsam in Richtung wartendes

Taxi geschleppt. Binnen kurzer Zeit ist die Fähigkeit, die Krawatte auch in komatösem Zustand blind in der richtigen Länge zu binden, perfekt ausgebildet – nach einer etwa einjährigen Trainingsphase, in der morgens um Zentimeter gefeilscht und optimiert wird: zu kurz, zu lang, wieder zu kurz. Schnell wird das Abklopfen der Mantel- und Sakkotaschen zur Gewohnheit: Portemonnaie, Brieftasche, Handy – eine letzte Versicherung, dass die wesentlichen Ausrüstungsgegenstände für das Überleben in der zivilisierten Wildnis am Mann sind, wenn es in die feindliche Reiseumwelt geht. Selbst das Vergessen aller Hemden und des gesamten Unterwäschesortiments ist verzeihlich, wenn nur die Kreditkarte dabei ist.

Am Wochenanfang werden Sie sich dann bald auf Ihren Lieblingstaxifahrer freuen. Je nachdem, wo Sie wohnen: Suchen Sie sich einen. Zumindest, wenn Sie in einer lohnenswerten Entfernung vom Flughafen wohnen – Taxifahrer lieben Verlässlichkeit, und regelmäßige Kunden mit einer lukrativen Strecke sind für viele eine echte Bereicherung, für die sie gerne ihre private Telefonnummer auf der Quittung notieren. Das Bedürfnis danach wird bei Ihnen sowieso entstehen, nachdem Sie unterschiedliche Erfahrungen mit Körpergerüchen, Zwangsunterhaltungen zweifelhaften politischen Inhalts oder auch nur Rückbänken ohne Kopfstützen gemacht haben – Erfahrungen, die frühmorgens (und das kann je nach Einsatzort auch vor 5:00 Uhr sein) durchaus schwerwiegend bis belastend werden können. Für den berüchtigten »Rote-Augen-Flieger«[18] jedenfalls können zwanzig Minuten ruhiges Dösen während der Fahrt durch die Stadt einen Qualitätsgewinn bedeuten.

Wählen Sie Ihren Taxifahrer nicht vorschnell aus, sondern fragen Sie einfach regelmäßig nach Telefonnummern, und entscheiden Sie sich dann für denjenigen, der Ihnen den besten Mix an Fahrkomfort, Freundlichkeit und zügigem Fahren bietet – und Ihre Kreditkarte ohne Murren akzeptiert. Der Taxifahrer Ihres Vertrauens wird es Ihnen danken, indem er immer wieder zuverlässig Ihre Haustüre findet (man glaubt nicht, wie verfänglich Adressangaben sein und in welcher Entfernung Taxifahrer anhalten können), in Fällen drohenden Verschlafens nötigenfalls klingeln oder sogar diskreterweise auf Ihrem Handy anrufen wird – was den Vorteil hat, dass Ihre Freundin nicht auch gleich aus dem Schlaf gerissen wird. Seien Sie beim Trinkgeld ruhig großzügig – Sie werden die Quittung dafür sowieso mit den Reisekosten einreichen, insofern können Sie den Betrag als eine Art gesellschaftlicher Umverteilung aus der Konzernwelt zu den Kleinunternehmern betrachten.

Susanne (32), Senior Beraterin, muss bis zum nächsten größeren Flughafen ca. 80 km zurücklegen. Da sie in einer nur mittelgroßen Stadt wohnt, ist die Anzahl der Taxen begrenzt – zumal jener, die montagmorgens Dienst haben. Nachdem ihr zum zweiten Mal derselbe Taxifahrer dargelegt hat, er fahre nicht schneller als 120 km/h auf der Autobahn, weil er ein freiwilliges Tempolimit befürworte, hat sie sich schnell beeilt, den nächsten zuverlässig aussehenden Fahrer um seine Telefonnummer zu bitten.

Zu welcher frühen Morgenstunde sich solche Szenen abspielen, hängt wesentlich von Ihrer Karrierestufe ab: Als Berater, Senior Berater oder noch als Projektleiter werden Sie in der Regel zu den Ersten gehören, die »vor Ort«, also beim Kunden sein müssen. Associates, Partner oder Vice Presidents können es sich erlauben, eine spätere Maschine zu nehmen – die daher oft lapidar »Vorstandsflieger« heißt –, in der Gewissheit, dass die eigenen Helferlein vor

Ort den Boden schon bereitet haben. Selbstverständlich werden die oberen Level dieses Privileg damit begründen, dass sie bereits Telefonate (»Calls«) zu erledigen hatten, wichtige Proposals vorbereiten oder fertigstellen mussten. Das kann wahr sein, muss es aber nicht.

Ihren Heimatflughafen lernen Sie innerhalb kürzester Zeit in- und auswendig kennen, sodass Sie die schnellstmöglichen Wege genau werden einschätzen können – wichtig für Ihr Zeitmanagement, denn wenn Sie nicht gerade zu den chronischen Frühaufstehern gehören (was einigermaßen unwahrscheinlich ist, wenn Ihr Studium noch nicht allzu lange zurückliegt), werden Sie für zehn Minuten längeren Schlaf morgens dankbar sein. Wenn Ihnen Ihr Projekteinsatz einen privilegierten Vielfliegerstatus verschafft hat, werden Sie von Beschleunigungsmöglichkeiten wie Einchecken am First-Class-Schalter (und damit Umgehung der Mallorca-Flieger-Warteschlangen) und dem Kaffee in der Lounge profitieren.

Nutzen Sie Check-in-Möglichkeiten per Internet am Vorabend oder per Handy – eine sinnvolle Beschäftigung für die morgendliche Taxifahrt! Trotzdem lohnt es sich, Ferienanfänge und Großveranstaltungen mit hoher touristischer Attraktivität zu berücksichtigen, um dann nicht auf die Freundlichkeit der Wartenden am Security-Check angewiesen zu sein, an denen man sich unter wortreichen Entschuldigungen vorbeidrängeln muss.

Mit welcher Fluggesellschaft Sie fliegen, wird vom Renommee Ihres Auftraggebers, Ihrem Level, Ihrem Einsatzort und der Reisepolicy[19] des Kunden abhängen. Die Zeiten der »Senatoren«, welche die vorderen Sitzreihen der Flugzeuge belegen und damit die Businessclass vor dem Vorhang bevölkern, sind in Beraterkreisen außer für die Top-Strategieberatungen weitgehend vorbei. Wer durch seine Reisetätigkeit hingegen als »HON«-Member mit der schwarzen Karte privilegiert wurde, läuft meistens entspannter, weil sein persönliche Betreuer für einen reibungslosen Check-in sorgt, zeichnet sich andererseits aber auch durch einen verbrauchten Gesichtsausdruck aus, der von zu vielen Schlafstunden in unbequemen Flugzeugsitzen und zu viel Alkoholgenuss in den gehobenen Reiseklassen zeugt.

Die Nutzung von Billigfluglinien für innerdeutsche, zum Teil sogar innereuropäische Flüge ist keine Besonderheit mehr. Protestieren Sie daher nicht gleich, wenn Ihnen Ihr Reisebüro (jegliche Form interner Reisestelle ist in Unternehmensberatungen natürlich längst outgesourced) einen Flug mit einer Fluggesellschaft bucht, deren enge Sitzreihen Sie noch schmerzhaft vom letzten Kurzurlaub auf spanische Inseln in Erinnerung haben. Versuchen Sie vielmehr prophylaktisch, sich auf Reisezeiten zu konzentrieren, in denen diese Fluggesellschaften gegebenenfalls nicht verkehren, sondern »unglücklicherweise« nur der teurere Linienflieger. Abgebrühte Berater schrecken auch durchaus nicht davor zurück, stets nur in letzter Minute zu buchen, wenn kein billiges Economy-Ticket mehr verfügbar ist, sondern nur der teurere Businessclass-Tarif. Ob Sie damit intern durchkommen und die Belege bei der Reisekostenabrechnung einreichen können, sollten Sie vorsichtig bei den erfahrenen Kollegen erfragen.

Andreas (33), Managing Consultant einer Strategieberatung auf einem Projekt bei einem internationalen Logistikkonzern, war zunächst sehr unglücklich, als die Reiserichtlinien für Spesenerstattungen geändert wurden. Für Flugreisen bis zu vier Stunden wurden nur noch Economyclass-Tickets erstattet. Als die Reisepolicy zusätzlich durch Empfehlungen ergänzt wurde, mit »No-Frills«-Gesell-schaften wie easyJet oder Germanwings zu fliegen, hat er die wöchentlichen Statusmeetings prompt auf den frühen Donnerstagnachmittag verschoben. Da die Meetings grundsätzlich länger dauern als vorgesehen und der letzte Billigflieger in seinen Heimatstandort Hamburg am späten Nachmittag startet, kann er guten Gewissens das verlängerte Meeting als Grund anführen, um zu erklären, warum er auf den teureren Lufthansa-Flieger umbuchen musste. Mittlerweile weiß er auch, dass die kurzfristige Buchung am Donnerstagnachmittag fast immer dazu führt, dass er zwangsläufig auf die Businessclass umsatteln muss. Die horrenden Flugkosten verteidigt er gegenüber dem Kunden mit Hinweis auf das längere Meeting. In ca. sechs Wochen, wenn diese Praxis zu Diskussionen führen könnte, wird er bereits auf einem anderen Projekt sein – aber sein gut gefülltes Meilenkonto mitnehmen.

Einen aufschlussreichen Einblick in die Tücken des Vielfliegerdaseins gewährt der Film »Up in the Air« (ein idealer Einstieg für Bewerber und Beraterfreunde), in dem deutlich wird, warum es wesentlich ist, sich in der Security-Schlange hinter Asiaten einzureihen: sie tragen meistens Slipper, haben wenig Gepäck und verstehen es, sich effizient in Menschenmassen zu bewegen. Arabisch aussehenden Reisenden sowie Schulklassen und Individualreisenden sollte man aus dem Weg gehen: Ersteren, weil sie grundsätzlich doppelt und dreifach kontrolliert werden, Letzteren, weil es sich meist um Menschen handelt, die mit dem Ritual des »Taschen leeren, Notebook in den Kasten, Gürtel ausziehen, Schuhe danebenstellen« nicht vertraut sind und gerne überrascht reagieren, wenn der Security-Mann ihnen erklärt, dass auch das Indien-Medaillon als großformatiger Metallschmuck bitte abzulegen sei.

Flugzeuglektüre: An ihren Heftchen sollt ihr sie erkennen
Schon bevor Sie den Flieger entern, werden Sie am Gate mit einem flüchtigen Blick die Leidensgenossen identifizieren können. Am einfachsten geht das anhand der Lektüre, mittels derer die Wartezeit überbrückt wird. Dabei sagt die Wahl der Postille bereits einiges über den Leser aus: Die Snobs unter den Beratern lesen zweifellos **Economist** oder **Harvard Business Review**. Alleine die Wahl einer englischsprachigen Veröffentlichung ist ein deutliches Beinheben: Mein Revier ist international. Achten Sie darauf, Sie werden die Titelblätter überwiegend in der Businessclass finden. Ihre Leser sind mit hoher Wahrscheinlichkeit von McKinsey, Roland Berger, Booz oder ähnlichem Kaliber.

Eine Stufe darunter lesen die Bequemeren, Europazentrierteren die Äquivalente auf dem deutschen Markt: **Manager Magazin** und **Capital** befriedigen den Lesehunger derjenigen, die sich in der Manager- und Promiszene Deutschlands so weit informieren wollen, dass sie die aktuellen Buzzwords[20] aufgreifen können. Da interessanterweise die Kunden der Berater, sofern sie Manager in Großkonzernen sind, unter einem ähnlichen Druck stehen, ihre Kompetenz unter Beweis zu stellen und damit ihr Einkommen zu rechtfertigen, liegen dieselben Zeitschriften in den Fluren der Vorstandsetagen aus. Nicht unwahrscheinlich also, dass auch Ihre Kunden über dieselben knalligen Artikel stolpern. Da ist es eine weise Strategie, sich bereits montagmorgens eine Position zu dem entsprechenden Thema zusammenzubasteln, damit man anschließend sofort ein Projekt dazu verkaufen kann.

Schließlich gibt es noch die Individualisten unter den Schlipsträgern. Sie lesen **BrandEins** oder sogar den jüngsten Neuzuwachs für diese Zielgruppe: **BusinessPunk**. Noch am Verdauen des Vollwert-Joghurt-Müslis, sind sie sich innerlich einig, dass der Kapitalismus der Konzerne im Grunde ein Schweinesystem sei und überwunden werden müsse, dass kleine Zellen innovativen Unternehmertums viel besser für die Gesellschaft wären und sich überhaupt die Spannung zwischen der beruflichen Prostitution und dem Wochenendeinkauf im Bioladen nur schwer aushalten lässt – es aber leider keinen anderen Weg gibt, angesichts einer unglaubwürdigen Rentenzusage für die eigene Zukunft vorzusorgen und den Kindern eine Ausbildung auf einem Privatinternat finanzieren zu können. Im besten Fall akzeptieren sie das Beratertum als Spiel, bei dem viel gelernt werden kann – aber insgeheim bewundern sie Richard Branson und fragen sich, auf welchem Projekt sie wohl selbst mit einer nackten Lady auf dem Rücken Kitesurfen gehen würden.

Neben den Wirtschaftszeitungslesern gibt es natürlich diejenigen, die sich so weit arrangiert haben, dass sie Kompetenzaufbau entweder nicht für nötig erachten, weil sie dafür in der Hierarchie zu weit oben stehen und ihre Paladine ins Rennen schicken, und die deswegen zu den **Tageszeitungen** greifen, oder die bedauernswerte Riege derer, die ihrem Optimierungsdrang auch in heimischen Gefilden nachgeben müssen, indem sie sich in Heften wie **PC Professionell** oder **Computer Bild** die neuesten 20 Tipps zu Gemüte führen, wie man Windows das Abstürzen abgewöhnt und das Hochfahren des eigenen Rechners beschleunigt.

In diesem Fall können Sie davon ausgehen, dass sich die Leser in ihrem Anzug vermutlich unwohl fühlen und sich nach dem heimeligen Licht ihres Monitors zurücksehnen. Sofern nicht gleich durch ein geöffnetes Notebook der moderne Abwehrreflex einer defensiv gehaltenen Handtasche von U-Bahn-Rentnerinnen kopiert wurde, sollten Sie nicht den Fehler begehen, Kollegen dieses Schlages unvermittelt zu grüßen, Small Talk über das Wetter anzufangen oder sie gar zu einem Kaffee einzuladen. Im besten Falle ernten Sie einen unverständlichen Gesichtsausdruck, im schlimmsten landen Sie mit jemandem an der Kaffeebar, der Ihnen eine Dreiviertelstunde bis zum verspäteten Abflug die Vorzüge seiner Ubuntu-Installation (für Uneingeweihte: Ubuntu ist eine Distributionsform des freien Betriebssystems Linux) gegenüber dem Firmenupdate von Windows 7 darlegt (Windows 7 ist hingegen die neueste Idee aus Seattle, wie man mit dem Argument technischen Fortschritts wieder Millionen Anwender auf der Welt dazu bringen kann, mehrere hundert Euro auf das Konto von Microsoft fließen zu lassen).

Ab ins Büro – On my way to L.A.
Die Geister scheiden sich an der Philosophie: Trolley ins Handgepäck oder nicht. Die Effizienzreisenden, die sich die Warteminuten an der Gepäckausgabe sparen wollen und deswegen alles Lebensnotwendige bei sich tragen, nehmen die entwürdigende Prozedur in Kauf, am Security-Check via transparentem Plastiktütchen Auskunft über ihr Aftershave sowie das bevorzugte Haarwuchsmittel und Antischuppenshampoo zu geben – und bringen alle Mitreisenden auf die Palme, weil ihre »Gerade-noch-Handgepäck-Maße-aber-ich-hab-mehr-reingepackt«-Trolleys nicht mehr in die Überkopf-Ablagen passen.

Wer nicht zu den ersten Gästen im Flieger gehört, riskiert die große Niete: In den Ablagefächern ist kaum noch

Platz, und die zwar noch freundlich lächelnde Stewardess kann ihre Genervtheit kaum noch verbergen, wenn sie dem Gast sein Gepäck mit einem Blick entreißt, der klar sagt: »Das ist eigentlich zu groß fürs Handgepäck« – und den Koffer dann geradezu bösartig ins letzte Fach hinter den Feuerlöscher schiebt. Hilflos muss man dann als Passagier zusehen, wie man beim Ausstieg gegen den nach vorne drängenden Strom ankommt und sich zu seinen Habseligkeiten durchkämpft, um dann als einer der letzten Aussteigenden erst noch auf den zweiten Transferbus warten zu müssen. In diesem Fall sind Ihnen die hämischen Blicke der gelassenen Mitreisenden sicher, die gerade ihr Gepäck vom Band nehmen, während Ihnen noch der Rücken vom Hinauf- und Herunterwuchten schmerzt.

Andererseits: In Flughäfen wie Paris-Charles de Gaulle lassen sich die unsichtbaren Dienstgeister auch schon einmal entspannte 30 Minuten Zeit, bevor einem der eigene Kasten am Gepäckband entgegenkommt. Sofern er kommt – schließlich verlieren Fluggesellschaften zwar nur einen Bruchteil des Gepäcks, aber manchmal kommt ein Irrläufer im Dschungel der Laufbänder durchaus abhanden. (Nichtrepräsentative Beobachtungen unter Beraterkollegen haben übrigens die Vermutung aufkommen lassen, dass die Wahrscheinlichkeit eines Verlustes drastisch ansteigt, wenn das Notebook in den Koffer gepackt und aufgegeben wird, statt es am Mann – oder der Frau – zu tragen. Bleiben Sie cool: Sie arbeiten im Business der Ersetzbarkeit, da sollten Sie den Verlust einiger Dinge längst eingeplant haben. Denken Sie an Kreditkarte, Handy und Schlüssel – alles Weitere lässt sich besorgen. Der Concierge jedes besseren Businesshotels sollte in der Lage sein, Ihnen auch noch nach Ladenschluss zu einem neuen Hemd, einem Anzug und frischer Unterwäsche zu verhelfen.)

Während Sie warten: Trösten Sie sich damit, dass Ihnen der Nahkampf um die ersten Taxen erspart bleibt. Bis Sie es zum Taxistand schaffen, haben längst weitere Fahrer Zeit, auf den neuen Ansturm zu reagieren. Genießen Sie vielmehr die letzten Minuten, die Sie für sich haben, und machen Sie mindestens mental einige Yoga-Übungen, um den engen Sitzabstand zu kompensieren. Erholen Sie sich von den Unannehmlichkeiten der Flugreise – ungenießbare Pappbrötchen, unerfreulich riechende Sitznachbarn und lautes Kinderkrakeelen. Als Profi entfernen Sie mit lässiger Geste Ihre Ohrstöpsel und verstauen das aufblasbare Nackenkissen im Seitenfach der Notebooktasche. Immerhin befinden Sie sich hier auf Ihrem heimischen Schlachtfeld – Gelegenheitsreisende, die jeden Koffer, den der Gepäckschlund ausspuckt, kritisch beäugen und mit hektischem »Ah« und »Oh« quittieren, sind für Sie ebenso verachtenswert wie Touchdown-Klatscher, die ihre Erleichterung über die sichere Rückkehr auf den Boden durch frenetischen Applaus übertünchen wollen.

Vielleicht hatten Sie Glück oder die goldene Regel berücksichtigt, einen Sitzplatz möglichst weit vorne zu reservieren. Bei Flugzeugen mit variabler Aufteilung zwischen Business- und Economyclass landet man dann oft auch in der »Holzklasse« auf einem Sitz, in dem man sich nicht zwangsläufig die Ohren mit den Knien zuhält. Möglicherweise ist dieses Mehr an Beinfreiheit aber auch ein Zugeständnis der Luftfahrtgesellschaften an die vorne besonders gefährdeten Passagiere – schließlich ist die Überlebensquote im hinteren Teil des Flugzeuges geringfügig höher. Und für die obligaten 30 Sekunden Flugangst, in denen sich jeder noch so erfahrene Vielflieger plötzlich bewusst wird, dass ihn von 13 Kilometern leerem – und noch dazu unmenschlich kaltem – Raum und dem Boden lediglich knappe 35 Zentimeter Aluminium und Plastik trennen, kann bereits das irrationale Argument »Immerhin sitze ich hinten« zu fühlbarer Entspannung führen.

Mit Ihrem Gepäck werden Sie sich schließlich entweder am Taxistand einreihen und prompt wehmütig an Ihren Lieblingstaxifahrer zurückdenken, oder Sie bemerken, wie unterbesetzt die Mietwagenschalter montagmorgens sind. Merke: Auch hier kann man von telefonischen Vorausbuchungen und einer Hinterlegung im Schlüsselsafe Gebrauch machen. Oftmals wird dies sogar noch über eine besondere Meilenprämie honoriert. Als Nachteil muss man dafür natürlich in Kauf nehmen, dass einem die individuelle Verhandlung über ein Upgrade mit der freundlichen Dame am Mietwagenschalter erst einmal verwehrt bleibt, wenn man nicht noch einen triftigen Grund findet, warum der reservierte Wagen (»Ach, ein Renault – wissen Sie, damit fahre ich so ungern, ich vertrage die Sitze so schlecht …«) unannehmbar ist.

Seien Sie sich sicher, der Mensch vor Ihnen (es sind übrigens meist Männer, bei denen man dieses Verhalten beobachtet), der sich so diskret weit über den Tresen beugt, ist ebenfalls ein Berater – und ihm kommt gerade die Phrase »Ach, ein 3er BMW? Aber da haben Sie doch sicher noch was Schickeres in der Garage« über die Lippen. Sie werden sofort einschätzen können, ob die Konversation entgegenkommend-zufriedenstellend weitergeht oder eskaliert (»Ich weiß, mit meinem Platinum-Status habe ich nur Anrecht auf zwei Klassen Upgrade, aber wissen Sie, ich will mir sowieso einen neuen BMW X5 kaufen und würde den so gerne einmal Probe fahren«). Im letzten Fall müssen Sie sich gegebenenfalls nicht nur auf längere Wartezeiten, sondern auch auf eine genervte Tresenkraft einstellen, wenn Sie an der Reihe sind. Bemühen Sie sich daher um besonders viel Freundlichkeit, wenn Sie versuchen, Ihr Upgrade durchzusetzen.

Christian (27), Consultant, ist stolz darauf, wenn sein Mietwagen auf dem Firmenparkplatz das Auto seines Kunden an Größe und Klasse übertrifft. Auf seinem Projekt ist ein regelrechter Sport entstanden, welcher Berater mit einer höheren Fahrzeugklasse aufwarten kann. Stolz werden im Intranet Fotos verschickt, auf denen die drei Kollegen ihre E-Klasse-Mercedes nebeneinander auf dem Parkplatz verewigt haben und darauf verweisen, dass alle es geschafft haben, zum Preis eines Golfs mehr zu erreichen.

Das Büro

Mit Ankunft an Ihrem Einsatzort werden Sie schlagartig daran erinnert werden, dass nicht alle Menschen im Erwerbsleben Unternehmensberater sind. Sie kommen direkt in das Herz des Wirtschaftslebens, den industriellen Großkonzern[21] – was in diesem Falle heißt: ein gesichtsloses Stück neutraler Industriearchitektur mit den ewig gleichen Standardkomponenten, in der Fassade, beim Teppichboden, den Bürotüren, den Arbeitsmöbeln. Anfangs werden Sie sich womöglich im Stockwerk irren, ohne es zu merken, weil alle Etagen gleich aussehen. Sie werden in falsche Flure abbiegen und erst allmählich die kleinen Details unterscheiden lernen, mit deren Hilfe Sie in Zukunft die souveräne Orientierung des Eingeweihten beweisen können – indem Sie sich an die Kletterpflanze in der Teeküche auf der dritten Etage erinnern oder wissen, dass sich der Kaffeeautomat im fünften Raum auf dem zweiten Flur verbirgt. An den Türen zeugen mehrstellige

Nummern und kryptische Abteilungsbezeichnungen von der Unterschiedlichkeit der Aufgabenstellung der jeweiligen Bewohner, und manchmal, wenn eine Tür offen steht, mag man sogar überrascht sein, wie viel Wohnlichkeit und Individualität sich in einem solch neutralen Ambiente entwickeln lässt.

Für Sie als Berater sind in der Regel eigene Räume vorgesehen, die auf der Tür bereits durch den Projektnamen oder auch nur schlicht durch das Wort »Externe« ausgewiesen sind. Darin finden Sie die minimale Standardausrüstung: Schreibtische mit den üblichen Telefonen, Schubladenrollcontainer, Schreibtischlampen und, höchst wichtig, Netzwerkkabel.

An den seltenen Tagen in den eigenen Firmenbüros (manche Beratungsunternehmen propagieren Tage am Ende der Woche als »Office Days« mit Anwesenheit in den eigenen Räumen) werden Sie nicht unbedingt ein anderes Bild vorfinden – geradezu legendär sind die »Boxen« bei Andersen Consulting geworden: kleine, abschließbare Kästchen, in denen die Berater ihre Habe verstauen, solange sie nicht an einem der anonymen Schreibtische im Büro sitzen. Interessanterweise findet sich darin selten ein Stück echter Privatheit wieder – wer würde schon für einen Tag pro Woche das Familienfoto von Frau und Kindern auf dem Schreibtisch aufbauen? Stattdessen sammeln sich Beutestücke der Bürowelt wie Locher, Tacker oder das neonfarbene Set Post-its darin an. Was die individuelle Note und die Ausstattung mit Familienbildern anbelangt, sind Unternehmensberater für die Erfindung von Windows-Hintergrundbildern ausgesprochen dankbar.

Daily Business

Wo auch immer angekommen, werden Sie schnell Übung darin haben, mit wenigen Handgriffen den Trolley in der Ecke zu parken, den Reißverschluss der Notebooktasche mit einem eleganten Schwung zu öffnen und noch in derselben Bewegung den Rechner herauszufischen. Während Ihr (manchmal lapidar »Kiste« genanntes) Arbeitsgerät startet (besserer: »hochfährt«), haben Sie Zeit abzulegen, das Netzteil herauszuholen und die wichtigen Papiere hervorzukramen. Merke: Unternehmensberater halten es mit dem griechischen Weisen Bias von Priene, von dem der Ausspruch »Omnia mea mecum porto« (All meinen Besitz trage ich bei mir) überliefert ist. Ihr Büro sollte in Ihre Notebooktasche passen, da Sie nie wissen können, wo Ihr nächster Einsatzort sein wird.

Ihre Tätigkeiten werden sich generell in zwei Phasen unterscheiden: Sitzungen, gemeinhin Meetings genannt, und die Vorbereitung von Meetings – wobei die Vorbereitung meist erheblich mehr Zeit in Anspruch nimmt. Die Aufgaben in einem Meeting sind schnell beschrieben: In der Regel wird es einen Moderator und gegebenenfalls einen Assistenten geben, der sich um die Dokumentation von Ergebnissen (»Capturing«) kümmert, sowie eventuell einen Protokollanten, der das Geschehen aufmerksam verfolgt und festhält. In Situationen, in denen Sie weder die eine noch die andere Rolle ausfüllen, besteht höchste Gefahr, dass Sie durch Unbeteiligtheit entweder erheblich an Ansehen verlieren (für diesen Fall sollten Sie sich eine Strategie der Intervention zurechtlegen, zum Beispiel ein kleines Detail aus der vorab versandten Präsentation herauspicken, das Sie dann kritisch hinterfragen), oder sie drohen aus Langeweile in den sogenannten Meetingschlaf zu versinken, der zwar in Japan durchaus kulturell akzeptiert ist, hierzulande aber eher verstörte Blicke des Kunden heraufbeschwört, sobald der Kopf zu deutlich auf die Brust gesunken ist oder sich leichte Schnarchgeräusche im Raum ausbreiten.

Interessanter – und zeitlich weitaus umfangreicher – gestaltet sich Ihre Tätigkeit zwischen diesen Treffen, in denen Sie hauptsächlich zwei Instrumente benutzen werden: PowerPoint und Outlook.

PowerPoint – Querformat ist schöner

Microsofts Produkt PowerPoint kann man als Segen oder Fluch der modernen Präsentation auffassen; Fakt ist, dass mit diesem Produkt ursprünglich die Herstellung von Dias (Slides) für Präsentationen erleichtert beziehungsweise ersetzt werden sollte. Der vorgesehene Ausdruck auf Folien ist längst dem Einsatz von Projektoren gewichen, sodass die Verbindung eines Rechners mit einem dieser Lichtwerfer bei jedem Meeting die größte technische Hürde darstellt, auf deren Überwindung vor Beginn alle Anwesenden gespannt sind.

PowerPoint zeichnet sich dadurch aus, dass es in mancher Hinsicht das Format des Präsentierens geprägt hat und prägt – im wahrsten Sinne des Wortes: Durch das Querformat des Bildschirms und damit auch der projizierten Fläche drehen fast alle Unternehmensberater auch Schmierpapier ins Querformat, um ihre Gedanken festzuhalten. Denn letztendlich wird jeder Gedanke dem Kunden präsentiert werden müssen, und das wird mit PowerPoint passieren, also: quer.

Was nicht in PowerPoint abzubilden ist, wird gerne in

Excel gepackt: Die Checkliste fürs Kofferpacken, die Einladungsliste der Hochzeitsgäste und die Übersicht, was man wem zu welchem Weihnachtsfest geschenkt hat. Merke: Excel lässt sich auswerten, PowerPoint nicht. Sobald also gezählt, gemittelt, abgerechnet werden soll, ist die Kästchenwelt attraktiver als das große Drehbuch.

→ Die »gute« Präsentation

Einmal Querformat, immer Querformat: Unternehmensberater sind es gewohnt, all ihre Gedanken zu drehen und für eine Präsentation aufzubereiten, egal ob Weihnachtsplanung oder die Foto-Ergebnisse vom letzten Urlaub. Wobei »aufbereiten« ursprünglich einmal hieß, eine gesprochene Präsentation visuell zu unterlegen. Dementsprechend folgen die Standardlayouts den üblichen Präsentationsvorgaben (keine Schrift kleiner als 14 Punkt, wichtige Dinge in Aufzählungsform, also Bullet Points, nicht mehr als fünf Punkte pro Slide).

Allerdings hat sich im Laufe der Zeit neben der gesprochenen Präsentation eine zusätzliche Verwendung etabliert, die durch den E-Mail-Verkehr wesentlich beschleunigt wurde: Die fertigen Präsentationen werden nicht nur zur Begleitung eines Vortrages genutzt, sondern bereits zuvor als Meetingvorbereitung verschickt und dienen anschließend zur Dokumentation des Gesagten. Das bringt einige wesentliche Änderungen mit sich:

Alles aufs Slide, bloß nichts weglassen:

Es wird erwartet, dass alle Informationen in der Präsentation enthalten sind, damit auch beim späteren Versand Empfänger, die bei der Präsentation nicht zugegen waren, auf den aktuellen Stand gebracht werden können. Keine Fragen dürfen offen bleiben. Für die Unterlage und ihren Einsatz bei einem Meeting heißt das, dass sich im Wechselspiel Sprache – Visualität eine Falle auftut, die Ihre Moderationskünste in höchstem Maße herausfordern wird: Wie verhindert man als Präsentierender, einfach nur zum »Vorleser« der Folieninhalte zu werden? Denn alle Folien müssen für einen Vortrag intuitiv und dennoch begleitend erfassbar sein – gleichzeitig müssen aber alle Punkte für die spätere Verwendung als Dokumentation so detailliert erklärt werden, dass manchmal eine 10-Punkt-Schrift gar nicht ausreicht.

It's a story, not just facts:

Mit dem Anspruch der vollständigen Dokumentation müssen die Inhalte in eine Form gebracht werden, die eine abgeschlossene, lesbare »Geschichte« ergibt. Für die späteren Empfänger der schriftlichen Unterlage sind weder verbale Anekdoten noch ergänzende Informationen abrufbar, mit deren Hilfe eine Klammer um erklärungsbedürftige Zusammenhänge hergestellt werden kann. Also müssen diese Klammern bereits in der Erstellung berücksichtigt werden.

Unter diesen Gesichtspunkten kann eine Präsentation schnell anwachsen. Ein Konvolut von mehreren Dutzend Seiten als Unterlage für eine einstündige Präsentation (mit Diskussion) ist nicht ungewöhnlich. Mancher Vorstand versucht wacker, dagegen anzugehen, indem er von Beratern und seinem eigenen Stab eine Zusammenfassung auf maximal vier Seiten fordert. Eine für Berater fast unlösbare Aufgabe, die elegant dadurch gelöst werden kann, dass man das Ergebnis harter Arbeit unter der Überschrift »Backup«

als Appendix an die vier Seiten anhängt. Schließlich will sich niemand vorwerfen lassen, er habe die Entscheidungsalternativen genannt, ohne genau die Konsequenzen und Risiken darzustellen.

Hiermit sind wir beim Kern dessen, was den Großteil des Beratungsalltags ausmacht: »Slides malen«, also Power-Point-Präsentationen konzipieren und erstellen. Das mag weniger anspruchsvoll klingen, als es ist: Eine gute Präsentation zu produzieren, erfordert neben Strukturierungsfähigkeit auch Darstellungskompetenz und das Verständnis für den Gesamtzusammenhang – und nicht zuletzt Inhalte. Inhalte werden gemeinhin recherchiert, entweder aus den internen Quellen der Beratungsunternehmen, die dafür zum Teil über eigene Research-Abteilungen verfügen, aus externen Quellen von Marktforschungsinstituten wie Gartner, Veröffentlichungen in Zeitschriften und Fachpresse, im Internet, oder aber sie werden mit dem Kunden zusammen erarbeitet, in Form von Fragebögen, Interviews, protokollierten Beobachtungen und Messungen.

Der »Klebstoff«, der aus diesen Fakten schließlich Zusammenhänge erzeugt und erlaubt, aus den Fakten Entscheidungen abzuleiten, wird häufig in einem Beratungsteam mit dem Kunden entwickelt – als berüchtigte sogenannte »Brain Session«, in der alle bisher gesammelten Fakten beispielsweise als Ausdrucke an einer Wand befestigt und gemeinsam Schlüsse daraus gezogen werden. Diese Aussagen müssen auf ihre Stringenz und Vollständigkeit hin untersucht und zum Schluss in die »Story« verpackt werden, aus der der Gedankengang für den Kunden ersichtlich wird.

Action Title – draufschreiben, was drin ist

Ergebnisse aus den Büros deutscher Qualitätskonzerne sehen gerne so aus:

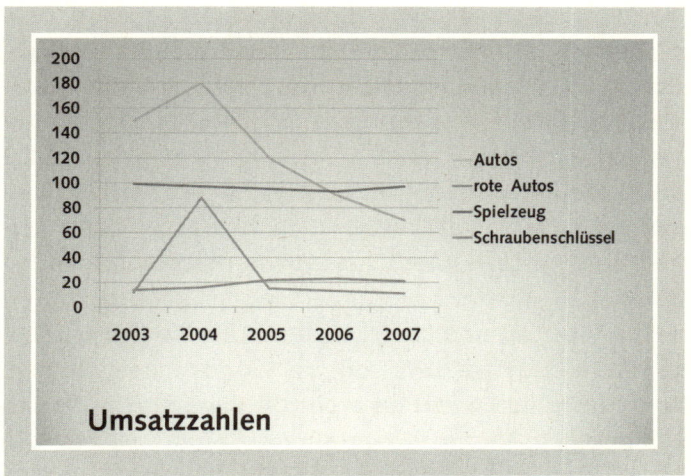

Abbildung 8: Typisches Präsentations-Slide eines Kunden

Das geschulte Unternehmensberaterauge erkennt gleich mehrere Todsünden:

• Keine richtige Überschrift
• Standard-PowerPoint-Vorlage
• Schlecht lesbare Schrift
• Achsen ohne Beschriftung
• Unterteilung »Autos« und »rote Autos« nicht klar
• Gesamtaussage unklar

Nach der beratertypischen Liste mit Bullet Points nochmals die Kritikpunkte für Normalsterbliche in ausführlicher Form:

Eine richtige Überschrift fehlt. Was sagen diese Umsatzzahlen aus? Was soll dargestellt werden? Unternehmensberater haben dafür den »Action Title« erfunden, der über dem Slide bereits das Wesentliche in einem Satz zusammenfasst. Alle Sätze hintereinander ergeben, flüssig gelesen, den gesamten Inhalt der Präsentation. Gegebenenfalls benennt ein Untertitel den Inhalt des Slides.

Offensichtlich wurde mit einer Standard-PowerPoint-Vorlage gearbeitet. Das ist nicht nur dem eigenen Image abträglich, sondern fördert meistens weder Verständlichkeit noch Lesbarkeit. Besser ist es, sich selbst Gedanken über Farben, Layout und Struktur zu machen, da nur so die eigenen Ansprüche optimiert werden können.

Bunte Farben und eine Schrift mit Schlagschatten mögen Entwickler bei Microsoft fancy finden, aber sie sind weder bei einer Projektion noch auf einem Schwarz-Weiß-Fax deutlich lesbar. Merke: Microsoft hat Features wie »Rote Ameisenkolonne« zur Hervorhebung von Texten wahrscheinlich nicht ernst gemeint (wenn Sie's nicht wissen: In Microsoft Word finden sich unter Format/Zeichen/Animation wunderbare Funktionen wie »Las Vegas« oder eben die schwarze oder rote Ameisenkolonne …).

Es fehlt die Achsenbeschriftung. Zwar lassen sich 2003 – 2007 als Jahreszahlen identifizieren – was aber sind 0 – 200? Eine Einheit wäre hilfreich.

Die Unterteilung »Autos« und »rote Autos« ist nicht selbsterklärend: Sind die Werte für die roten Autos in den »Autos«-Werten enthalten oder nicht?

Und schließlich stellt sich die Frage: Was soll mit der Folie eigentlich ausgesagt werden? Folgende Schlüsse sind möglich: »Der Umsatz bei Autos geht beängstigend zurück« oder »Bei roten Autos bleibt der Umsatz relativ konstant, er ist sogar leicht steigend«. (Fortgeschrittene ergänzen sofort: »Im Gegensatz zum Einbruch bei Autos allgemein zeigen rote Autos eine leicht positive Tendenz.«) Denkbar auch: »Der Umsatz beim Spielzeug bleibt auf hohem Niveau ebenfalls verhältnismäßig konstant« oder »2004 war ein gutes Jahr für den Verkauf von Schraubenschlüsseln«. (Ebenfalls für Fortgeschrittene: »Nach 2004 kommt es beim Umsatz von Schraubenschlüsseln zu einem dramatischen Rückfall auf das Vorjahresniveau, das seitdem nicht wieder übertroffen werden konnte.«)

Nach dem Beraterworkshop »Pimp my slide« sieht das Ergebnis so aus:

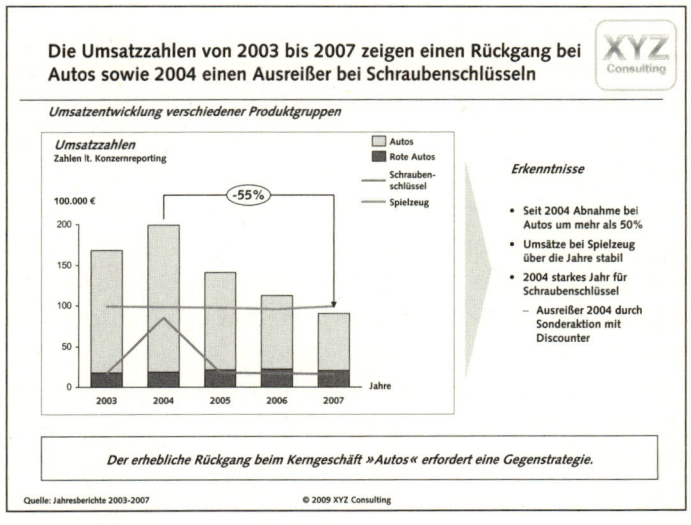

Abbildung 9: Berater-Slide

Ein paar Dinge fallen sofort ins Auge: Es steht wesentlich mehr Text auf dem Slide. Das einzig wirklich bunt gestaltete Element ist das Logo der Consultingfirma. Das Slide ist von links (Schaubild) nach rechts (Erklärung der Aussage) aufgebaut.

Die Verbesserungen im Beraterstyle, kurz und knackig:

- Zweizeiliger Action Title
- Schaubild überarbeitet und erläutert
- Eine »Kickerbox« mit Schlussfolgerung
  auf der unteren Folienseite
- Quellenangabe in der Fußnote

Und im Detail:

Oben steht ein zweizeiliger Action Title, der die wichtigste Aussage des Schaubildes bereits zusammenfasst. Der Untertitel gibt Aufschluss darüber, was dargestellt wird. Das Schaubild ist nüchterner gestaltet, die Produktgruppen »Autos« und »Rote Autos« sind so zusammengefasst, dass die Untergruppierung deutlich wird. Die wesentliche Erkenntnis ist durch die Hervorhebung der 54 % Umsatzverlust betont. Außerdem wird das Schaubild – symbolisiert durch den grünen Pfeil – auf der rechten Seite verbal ausgewertet. Dadurch werden auch für spätere Leser die Erkenntnisse nachprüfbar dokumentiert. Unter dem Schaubild zeigt eine »Kickerbox« die Konsequenz aus der Kernaussage auf (im Beraterjargon: das »So what?«, eine gefürchtete Frage, anhand derer man schnell nichtssagende Folien identifizieren kann). In der Fußzeile ist die Datenquelle angegeben sowie das Copyright der beteiligten Unternehmensberatung vermerkt.

Die Darstellung wirkt zwar womöglich dröger, erfüllt aber ihren Zweck, das Präsentierte auch explizit zu dokumentieren und bei der Versendung klar und unmissverständlich für einen gemeinsamen Informationsstand zu sorgen. Solche Präsentationen werden darüber hinaus nach einem festen Schema gegliedert, beginnend mit einer Kurzzusammenfassung (»Executive Summary« für die lesefaulen Topmanager) und einer Inhaltsangabe (Agenda). Am Ende der Präsentation stehen dann meist Entscheidungspunkte, mittels derer über die weiteren Schritte abgestimmt wird.

Alles ist drei oder fünf –
höchstens in Ausnahmefällen sieben

Das Verpacken der Fakten und Erkenntnisse in eine Präsentation kann entweder direkt in PowerPoint oder zuerst mit Bleistift auf gelben Blöcken (natürlich im Querformat) erfolgen (»Yellow Pads« mit vorgedrucktem Formatraster, angedeuteten Rahmen für Action Title, Überschrift, Fußzeile und Quellenverweis, die vor allem bei Strategieberatern beliebt sind. Angeblich dient die gelbe Farbe als Kopierschutz, damit das wertvolle Berater-Know-how nicht unautorisiert vervielfältigt werden kann). Als grobe Faustregel gilt: Je strategischer das Beratungslevel, desto ausgefeilter die Hilfsmittel und die Infrastruktur der Zuarbeiter.

IT-nahe Berater werden ihre PowerPoint-Präsentationen meist selbst erstellen und als Quelle für Benchmarks häufig auf Google zurückgreifen müssen. Globalisierte Nobelberatungen schicken ihre handschriftlichen Skizzen gerne per Fax nach Indien in die spezialisierte Grafikabteilung und warten, bis ihr Mailprogramm den Empfang der fertigen digitalen Erzeugnisse meldet. Leider bleibt dann eine notwendige Nachkorrektur der teilweise sprachbedingten Missverständnisse oft nicht aus – was damit zusammenhängt, dass sich für andere Kulturkreise nicht notwendigerweise jede Unlesbarkeit der Handschrift durch fundierte Kenntnisse des Kontextes erschließen lässt.

Das wahre Know-how liegt natürlich nicht in der Power-Point-Aufbereitung oder der Art, wie Schaubilder oder

Fußzeilen aufgebaut werden. Die echte Kompetenz besteht also nicht in der Darstellung, sondern in der Art, wie Unternehmensberater ihre Gedanken strukturieren. Dabei erfüllen sie grundsätzlich drei Eigenschaften:

• Alle Gedanken sind klar und leicht verständlich in ihrer logischen Abfolge aufgebaut.
• Alle Punkte lassen sich in drei oder fünf Unterpunkte zerlegen, notfalls in sieben. Falls nicht, wird ein zusätzlicher Punkt gefunden.
• Siehe vorheriger Punkt.

Dass Unternehmensberater in die niedrigen ungeraden Zahlen verliebt sind, hat durchaus etwas mit dem Charme und der Symmetrie der Anordnung von drei oder fünf Elementen auf einem Blatt Papier zu tun, mithin mehr mit Ästhetik, als man vermuten würde.

Wenn Sie sich als Berater also wieder einmal auf einem Empfang inmitten von »Creativen« für Ihren langweiligen und unsexy Job meinen entschuldigen zu müssen, dann verpacken Sie Ihre Berufskompetenz doch einmal in einen eloquenten Parforce-Ritt durch ästhetische Ausführungen über dreifache und fünffache Symmetrie, Schwerpunktsetzung, Wahrnehmungspsychologie, Blickführung, den Vorteil klarer Linien auf Slides, in Bildern von Mondrian, bei der Villa Rietveld sowie in der Tradition des Bauhauses und der Künstlergruppe »de Stijl«. Kunstgeschichtlerinnen und Architekturanhänger werden Ihnen an den Lippen hängen und Sie als legitimen Erben der Bauhaus-Ästhetik anerkennen, schließlich ist »Form follows function« nirgends so konsequent umgesetzt wie in einer guten PowerPoint-Präsentation inmitten der unstrukturierten Buchstabenwüste von Memos, Mails und Flashanimierten Websites.

Psychologen bestätigen, dass sich ungerade Anzahlen von Dingen leichter merken lassen als gerade – woran auch immer das liegen mag. Unternehmensberater verbringen im Glauben daran jedenfalls im Laufe eines Projektes nicht wenige Stunden alleine damit, zu einem Sachverhalt verzweifelt entweder den fehlenden fünften Punkt zu suchen oder alternativ darüber nachzudenken, wie die vorhandenen vier Aspekte auf drei reduziert werden können.

Projektarbeit: Slidesklaven statt Sunnyboys

Alles in allem ist das Beraterdasein bei genauem Hinsehen also weniger ein dynamischer Hi-Flyer-Job ewig lächelnder Endzwanziger mit Gesichtsbräune vom Golfplatz oder dem Wochenende auf Sylt, sondern zeichnet sich eher durch die gebückte Haltung vor dem Notebook-Bildschirm aus, die Schultern noch schief vom Tragen desselben, der Teint nur fahl beleuchtet und das Gesicht dank trockener Büroluft von Pickeln übersät.

Würden Sie sich als Außenstehender auf ein Beratungsprojekt verirren, kämen Sie wahrscheinlich in ein kleines Büro mit drei bis sechs Personen, die konzentriert auf ihre Notebook-Bildschirme starren. Geredet wird nicht, an den Wänden diverse Zettel und Ausdrucke, die Schreibtische weisen neben etwas Büromaterial erstaunlich wenig Papier auf. Die Atmosphäre atmet Konzentration, wie in jedem Büro mag ab und zu einer der Kollegen aufstehen und in die Teeküche gehen – wenn er noch zur aussterbenden Gruppe der Raucher gehört, wiederholt sich dieser Gang wahrscheinlich öfter, allerdings bemühen sich die Recruiting-Abteilungen nach Kräften, diese Spezies in ihren Kreisen dem Aussterben zu weihen.

Je nach Tages- und Jahreszeit (vor allem während der Wintermonate oder in dunklen Bürokorridoren mit zu kleinen Fenstern, die höchstens Externen zugemutet werden, weil gegen eine reguläre Nutzung der Betriebsrat Einspruch erheben würde) mag das fahle Licht der Notebook-Bildschirme die Assoziation heimeligen Kaminfeuers auslösen, vor dem sich die einzelnen grauen Herren (und wenigen Damen) wärmen. Womöglich fänden Sie allerhand an den Wänden aufgehängt – große Bogen Packpapier, vollgeklebt mit Post-its und Ausdrucken, Flipcharts mit mehrfarbigen Zeichnungen darauf, Prozess- und Programmablaufpläne, eventuell ein Projektplan. (Projektpläne sind üblicherweise geplottete Wandtapeten, die mithilfe von Programmen wie Microsoft Project erstellt werden und in der beliebtesten Darstellung, dem sogenannten »Gantt-Chart«, alle Projektarbeiten mit ihrer Dauer als Balken in einer Tabelle darstellen. Mit der Eigenschaft, schneller zu veralten, als er ausgedruckt wird, ist jeder Projektplan in der Regel bereits dann obsolet, wenn er aufgehängt ist. Stellen Sie daher bitte angesichts eines Projektplanes nie die Frage: »Ist der aktuell?« – der wahre Profi erweist sich durch die Frage: »Was hat sich denn seit diesem Ausdruck alles geändert?«)

Vielleicht stolpern Sie auch beim Öffnen einer Tür zufälligerweise in einen Raum, in dem gerade ein Meeting abgehalten wird – dann werden Sie mit einem Blick feststellen können, ob es sich um ein Meeting mit oder ohne Kunden handelt: Mit Kunden wird tendenziell auf Formalität, einen geordneten Ablauf und Moderation geachtet. Sind die Berater unter sich, weicht die angespannte Konzentration oft jovialer Stimmung und launigem Umgangston – vor allem abends kann es darüber hinaus auch passieren, dass gerade im Sitzungsraum gegessen wird, dann mit Vorliebe einfach zu Transportierendes, also Junkfood der üblichen Fast-Food-Ketten oder Pizza, gegebenenfalls existiert auch eine Art von Projektinfrastruktur mit Vorratshaltung im Bürokühlschrank. In regelmäßigen Abständen wird jemand aus dem Team losgeschickt, um die Vorräte aufzufüllen. Das kann zu durchaus ausufernden Abendbrot-Gelagen führen …

Doch vorerst werden Sie Gelegenheit haben, den Beratern beim Skizzieren von Diagrammen, dem Erstellen von »Storylines« für Präsentationen und Malen von Folien zuzusehen. Einige nutzen womöglich spezielle Tools, um Prozesse abzubilden oder andere Fachaufgaben zu erfüllen. Andere schreiben an Word-Dokumenten für Programm- oder Prozess-Spezifikationen, telefonieren, erledigen ihre Mails (das werden viele tun!) oder recherchieren im Internet. Berater unter sich eben.

Alles wäre prima, wenn der Kunde nicht wäre …
Die überwiegende Arbeitszeit verbringen Unternehmensberater auf Projekten bei einem Kunden. In der Regel werden diese Projekte von einem Projektleiter des Kunden verantwortlich geleitet, dabei kann die Zusammenarbeit von der reinen Beauftragung eines Beraterteams bis hin zu gemeinsamer Projektarbeit reichen.

Im ersten Fall sind die Berater weitgehend autonom, eine Möglichkeit, die eigene Firmenkultur in den Räumen des Kunden auszuleben. Im Idealfall vertraut der Kunde dem Beratungsteam eine Aufgabe an und überlässt ihm die Erarbeitung einer Lösung vollkommen eigenverantwortlich. Ob am Firmensitz des Kunden, im eigenen Beratungsbüro oder zu Hause gearbeitet wird, ob man die ganze Zeit an der Aufgabe sitzt oder die Ergebnisse in

Wirklichkeit schon fertig in der Schublade liegen hat (was entgegen landläufiger Meinung bei Unternehmensberatern selten vorkommen dürfte) – in einem solchen Fall hat das Team den Jackpot der wahrhaft »ergebnisorientierten Beratung« gezogen. Hier gilt dann tatsächlich: You get paid by results, not by presence.

Vor allem bei Auftraggebern aus dem mittleren Management oder aus nachgeordneten Hierarchieebenen werden Berater jedoch oft erfahren, dass sie zusehends zur persönlichen Anwesenheit vor Ort verpflichtet werden. Immerhin kann sich der verantwortliche Manager auf Kundenseite (»Face-off«) dann mit seinen eigenen Berater-»Truppen« im Hause schmücken, die hoffentlich möglichst oft seinen Namen und die Wichtigkeit seiner Rolle fallen lassen – und sei es bei Gesprächen in der Teeküche.

Neben den Kollegen finden sich auf Projekten außerdem Mitarbeiter des Kunden, die den Beratern zur Seite stehen – als administrative Hilfe, um den Externen bei Fragen nach Ansprechpartnern, Telefonnummern, Druck- und Kopiermöglichkeiten oder Ausgehtipps am Abend zu helfen, als Experten mit spezifischem Know-how, deren Erfahrung und Kenntnisse in das Projekt einfließen sollen, oder gar als vollständige, vom Kunden als den Beratern gleichwertig angesehene Arbeitskräfte. Kollegen, mit denen man sich manchmal in Nachsicht üben muss: sie sind nicht unbedingt durch eine so harte Schule gegangen, wurden nicht anhand ihrer Abschlussnoten ausgesiebt und wollen nicht unbedingt freiwillig nach 22 Uhr noch die Vorstandspräsentation für den nächsten Tag vorbereiten. Im Gegensatz zu Beratern schlafen diese Menschen dafür jede Nacht in ihrem eigenen Bett und haben deswegen wahrscheinlich einfach ein anderes Wertesystem, als es die Beraterwelt darstellt.

Generell gilt bei solchen gemischten Projektteams: Je mehr Mitarbeiter des Kunden involviert sind, umso sorgfältiger müssen die sogenannten Schnittstellen gemanagt werden: Weil die Mitarbeiter des Kunden in der Regel eben weniger handverlesen sind als in der Beraterwelt, ist es umso wichtiger, Rücksicht zu nehmen und vorsichtig anzutesten, welche Aufgaben von wem erledigt werden können. Die internen Mitarbeiter sind nicht zwangsläufig genauso flüssig in der Verwendung von Anglizismen, und eventuell entsprechen ihre Slides nicht unbedingt den Ansprüchen einer Unternehmensberatung. In diesem Fall lohnt es sich, ihnen einen erfahrenen Beratungskollegen zuzuweisen, der behutsam hilft, die Ergebnisse und Erkenntnisse in schöne Formen zu gießen.

Trotzdem kein Grund, die vom Kunden benannten Experten zu verachten – immerhin sind sie die wahren Know-how-Träger: Sie kennen die Insights und können wertvolle Informationen darüber liefern, was nicht auf dem Papier steht. Dass Konzernmitarbeiter in der Regel noch die Hoffnung auf die tariflich zugesicherte (aber aus Beratersicht natürlich lächerliche) 38- bis 40-Stunden-Woche haben, sollte respektiert und die Aufgabenteilung so vorgenommen werden, dass die gewünschten Ergebnisse von den internen Mitarbeitern auch mit minimalem Arbeitsaufwand erzielt werden können. Im Idealfall fühlen sich die Einbezogenen geschmeichelt, dass ihre Meinung wichtig ist, und überlassen die Aufbereitung gerne den gestählten PowerPoint-Kriegern. Der positive Nebeneffekt für das Beraterteam: Die Übernahme der Aufbereitung erlaubt es, gegebenenfalls Aussagen in ein relativierendes Licht zu rücken oder mit entsprechenden Fußnoten zu versehen, um sicherzugehen, dass sie richtig verstanden werden.

Schließlich muss jegliche Art von Input auch hinsichtlich der Qualität kontrolliert werden: Genügt der Beitrag den inhaltlichen Ansprüchen, oder bedarf es einer Überprüfung der Fakten oder tiefergehenden Analyse? Sind die Ergebnisse angemessen darstellbar? Achtung: Nur arrogante Beratertypen würden so ein Vorgehen als »Babysitting« bezeichnen. Viel positiver lässt sich dieses Verhalten als langfristige Investition in eine gute Kundenbeziehung betrachten – schließlich sollen alle Beteiligten die Mitarbeit am Beratungsprojekt in so guter Erinnerung behalten, dass zukünftige Aufgaben auch wieder an Berater vergeben werden. Der interne Kollege auf der dritten Managementebene kann morgen schon über ein eigenes Budget verfügen und damit zum Auftraggeber, zum potenziellen Kunden werden.

Zu ihren Kunden haben Unternehmensberater eine ambivalente Beziehung: einerseits sind sie die Käufer der Beratungsprodukte und somit Geldgeber. Wie jeder, der etwas kauft, erhoffen sich auch die Abnehmer von Beratungsleistung durch ihre Investition einen Gewinn an Lebensqualität: eigenes Fortkommen, Profilierung, Unterstützung in schwierigen Entscheidungen. Für die Berater tut sich damit ein Spannungsfeld zwischen Ansprüchen und Erwartungen auf, die sich im günstigen Fall nach Projektende in Dankbarkeit niederschlagen. Andererseits kaufen Kunden eben gerne in dem Bereich Beratungskompetenz ein, wo sich die eigenen Ressourcen als nicht ausreichend erweisen. Somit ist das Ausbügeln von Defiziten quasi der Kern der Berater-Profession.

Ein klassischer Fall – das Unternehmen »kann« es nicht:

Im Jahr 2002 wurde in den USA infolge des Enron-Skandals ein Gesetz namens »Sarbanes-Oxley Act of 2002« (kurz

SOX) erlassen. Dieses Gesetz soll die Verlässlichkeit der Berichte, die Unternehmen für den Kapitalmarkt erstellen, verbessern, indem die Unternehmen daraufhin überprüft werden, ob ihre Finanzzahlen zuverlässig und vertrauenswürdig erhoben werden. Ein typischer Fall, in dem Unternehmensberater als Spezialisten hinzugezogen werden. Der Auftrag: Wie werden wir SOX-konform? Die externen Fachleute helfen, die unternehmensinternen Prozesse und Systeme auf Schwachstellen hin zu untersuchen und gegebenenfalls so zu verbessern, dass die Anforderungen der gesetzlichen Regelungen eingehalten und in einem Audit (ebenfalls durch eine externe Institution) die Konformität mit SOX bestätigt werden kann.

Verständlich, dass ein Pumpenhersteller zwar Pumpen herstellen kann, aber nicht notwendigerweise über die Kompetenz verfügt, die eigenen Schwachstellen im Berichtswesen zu identifizieren und zu schließen. Zumal dabei auch der Blick von außen ausgesprochen hilfreich sein kann.

Klassische Beratungsprojekte ergeben sich aus »Belastungsspitzen«: Wenn der Vorstand eines Maschinenherstellers gerade mal wieder in Kauflaune war und sich ein neues Unternehmen im Ausland, zum Beispiel einen Vertriebspartner in Frankreich, einverleibt hat, muss dieser Teil in das bestehende Konstrukt integriert werden – im mindesten Fall für das Gesamtberichtswesen des Konzerns. Da sich selten eine Abteilung findet, die sich neben dem »Daily business« auch noch mit fremden Controlling- und Reportingstrukturen beschäftigen möchte, wird für solche Fälle nicht selten ein ganzes Beraterteam damit beauftragt, das »Zusammennähen« auf allen relevanten Ebenen zu managen: Dies kann sich vom Berichtswesen über die gemeinsame Nutzung von Ressourcen (die viel zitierten »Synergien«) bis hin zur Auflösung »doppelt vorhandener« Abteilungen (in der Regel sogenannte »Supportfunktionen« wie Personalabteilung oder IT) erstrecken.

Solche Projekte sind in jedem Einzelfall anders gelagert – ein Patentrezept gibt es nicht. Deshalb handeln Berater oft getreu dem Motto: Es ist nicht wichtig, etwas zu wissen, sondern Wissen zu sammeln und das Richtige daraus zu machen. Wenn dann trotzdem ab und zu die Frage auftaucht, warum Unternehmen nicht aus eigener Kraft die Projekte durchführen, die sie in die Hände von Beratern legen, dann ist die Antwort manchmal tatsächlich so trivial: Berater können die schöneren Slides malen. Das ist keineswegs abwertend zu sehen, sondern einfach als ein notwendiger Baustein, der im heutigen komplexen Leben bei der Kommunikation zum Beispiel mit Analysten leicht über Steigen oder Fallen des Börsenkurses entscheiden kann.

Berater als »Verpackungskünstler« helfen, den richtigen Ton zu treffen, und versprechen eine fundierte, sorgfältige und strukturierte Vorgehensweise. Wie bei jedem Umgang mit Defiziten lässt sich auch hier ein erzieherischer Effekt mit allen Nebenwirkungen nicht unterdrücken: Während manche Face-offs die Zusammenarbeit mit Beratern als Chance sehen, mehr über diesen Berufsstand zu lernen, empfinden andere den Eingriff in ihr privates Arbeitsreich geradezu als Affront und latenten Vorwurf, sie verstünden nichts von ihren Aufgaben. Gute Berater machen beide glücklich: den Lernenden, indem sie ihn in ihre Vorgehensweise einbeziehen (zumindest soweit dies mit der Feierabendgestaltung kompatibel ist), und den Skeptiker, indem sie ihm mit besonderer Wertschätzung begegnen und ihm dadurch das Gefühl geben, seine Expertise sei unerlässlich und ausschlaggebend für das Projekt.

Fight till the end: timelines and deadlines

Projekte bei einem Kunden haben im Allgemeinen die angenehme Eigenschaft, einmal vorbei zu sein. Das kann trotzdem manchmal länger dauern – zum Beispiel bei einer ERP-Einführung – oder im schlimmsten Fall überhaupt nie aufhören. Vor allem IT-Berater, die auf Softwareentwicklungsprojekten eingesetzt sind, könnten dieses Phänomen kennen: Die zu entwickelnde Software erreicht nie ein finales Stadium, den »Rollout«, sondern bleibt immer »Beta«[22]. Die Phase der Fehlerbeseitigung will einfach nicht enden, und die Projektstruktur manifestiert sich langsam als fester Bestandteil der Unternehmensorganisation. Neben der Möglichkeit, auf Fehler im Softwareprodukt immer mit dem Hinweis reagieren zu können, sie sei ja noch nicht fertig, bietet sich als Erklärungsansatz für die Aufrechterhaltung dieser Entwicklungsphase auch der drohende Machtverlust der Projektverantwortlichen an.

Weil ein Projekt als temporäre Organisationsform in einer bestehenden Konzernstruktur dem verantwortlichen Manager immer Macht in Form von Verfügungsgewalt über zugeordnete interne und externe Mitarbeiter zuweist, bedeutet das Ende eines Projekts, egal ob erfolgreich oder nicht, immer einen Machtverlust für den Projektleiter. Kein Problem für Berater, die einfach zum nächsten Projekt weiterziehen. Anders die Konzernmitarbeiter: Sofern sich nicht passenderweise anderswo in der Hierarchie ein Pöstchen öffnet, droht der kleine König in der Bedeutungslosigkeit zu versinken. Sofern er sich mit seinem Vorgesetzten versteht und auch künftig Budget auftun kann, scheint eine Weiterführung des Projektes in diesem Fall die bessere Lösung zu sein. Für den Unternehmensberater goldene Zeiten – solange er dem Projektleiter Gründe liefert, warum eine Verlängerung noch notwendig erscheint, wird dieser sie dankbar aufnehmen. Eventuell ist er sogar Argumenten gegenüber aufgeschlossen, warum die Projektmannschaft unbedingt noch verstärkt werden muss – schließlich erfordern große Aufgaben auch große Teams. Und nur große Aufgaben erlauben auch große Beförderungen!

Das anvisierte Ende eines Projektes und auch die Fälligkeit von Aufgaben wird als »Deadline« bezeichnet: die »Timeline« des Projektes, also die Zeitdauer des Projektverlaufs, endet zu einem im Voraus festgelegten Termin. Wer allerdings mit den oben angesprochenen »ewigen Projekten« schon einmal konfrontiert wurde, hat womöglich Assoziationen mit Zombiefilmen: Weil die Projekte nicht enden dürfen, wird die Deadline nie erreicht. In den Projektportfolios einiger Großkonzerne lauert so manche Armee Untoter nur darauf, sich bei Gelegenheit aus den Gräbern zu erheben und ein Massaker unter denjenigen anzurichten, die den Projekten und ihren Verantwortungsträgern nicht die hinreichende Ehrerbietung entgegengebracht haben. Ihre Waffen: unvermittelt auftauchende Probleme und Komplikationen, die Umstrukturierungen erfordern und im schlimmsten Falle in Vorwürfen der Art »Das wäre zu lösen gewesen, wenn man rechtzeitig auf den Projektleiter gehört hätte« gipfeln. So mancher frisch gebackene Abteilungsleiter stolpert und fällt über solche Leichen, die sein Vorgänger klammheimlich im Keller gebunkert hat, etwa, wenn sich bei

Übernahme der Regionalverantwortung für eine Niederlassung im Ausland herausstellt, dass dort schon seit mehreren Jahren mit viel Geld daran gebastelt wird, die ver-
wendete Unternehmenssoftware abzulösen.

Schon der Versuch, dieses Geistertreiben zu beenden
und die Frage zu stellen, ob ein SAP-Rollout wirklich sieben Jahre dauern muss oder ob man das Projekt nicht einstellen sollte, könnte den Zorn der »Projektmächtigen«
wecken. Dass diese schlafenden Riesen bisher a) gut beschäftigt waren (oder das zumindest vorgeben konnten)
und b) über das eigene Projektbudget verfügt haben, zeigt,
dass sie im Konzern offensichtlich über den Rückhalt
einer Art schützenden Netzwerks verfügen. Schnell schafft
sich der neue Regionalleiter so Feinde, und das Haifischbecken wird noch ungemütlicher.

Deadlines für einzelne Aufgaben werden schließlich
gerne auch willkürlich festgelegt, als Druckmittel eingesetzt oder so unmöglich gewählt, dass die Nicht-Einhal-
tung durch eine subordinierte Projektkraft als Entschul-
digung für größere Planungsfehler der Projektleitung
genutzt werden kann. Kluge Berater wissen sich aber zu
wehren: nicht nur durch die 48-Stunden-Arbeitstage (die
realiter tatsächlich eher 17 Stunden entsprechen – aber
mal ehrlich: außer einem einsamen Hotelzimmer wartet
ohnehin keine sinnvolle Abendbeschäftigung. – oder nehmen Sie Ihre Ukulele zum Üben mit aufs Projekt?), sondern zum Beispiel durch das Versprechen der Ablieferung
der Aufgabe »COB« (»Close Of Business«: Was ursprünglich
das Ende des Arbeitstages bedeutete, also im Verständnis von Tarifverträgen wahlweise 17, 16 oder freitags auch
13 Uhr, erlaubt Beratern mühelos die Erweiterung um
wertvolle Stunden bis 21, 22 Uhr – oder in Extremfällen
sogar bis zum nächsten Morgen 8:29 Uhr).

Re-Use Competence: Copy & Paste

Keine Frage, dass Unternehmensberater ihren Arbeitsaufwand mit der gleichen Hingabe optimieren wie die Projekte im Auftrag des Kunden. Da sie im Laufe der Karriere ein gewisses Spezialistentum entwickeln, ist die Wahrscheinlichkeit recht hoch, dass sie häufiger mit ähnlichen Fragestellungen konfrontiert werden. Machen Sie sich als Berater deswegen darauf gefasst, den Ausstoß Ihrer kreativen PowerPoint-Stunden so zu strukturieren, dass Sie schnell Zugriff auf die wichtigsten Meilensteine Ihrer Erkenntnisse haben: Löschen Sie niemals etwas von Ihrem Computer! Jedenfalls keine E-Mails, Dateien höchstens im Ausnahmefall – Speicherplatz ist heutzutage so erschwinglich, dass der Aufwand für die Neuentwicklung einer Darstellung, die Sie bereits vor fünf Jahren auf einem Projekt entwickelt haben, sich keinesfalls mehr lohnt.

Legen Sie sich einen Ordner oder eine Datei mit den häufigsten Layoutvorlagen für Ihre Präsentationen zurecht. Aber Achtung: Wenn Sie morgens um 8:27 Uhr noch DAS entscheidende Killerslide in die Präsentation einbauen, dann vermeiden Sie die typischen Fehler.

Uwe (29) ist auf einem Projekt der schlimmste anzunehmende Fauxpas unterlaufen: Bei der Darstellung möglicher Effekte einer Restrukturierung hat er sich darauf besonnen, bereits einmal an einem anderen Projekt teilgenommen zu haben, bei dem es um eine ähnliche Fragestellung ging. Er hat in seinen Dateiverzeichnissen gewühlt und prompt eine alte Präsentation mit einem Schaubild gefunden, wie er es sich vorgestellt hat. Beim Umkopieren in das Layout des neuen Projektes hat er zwar das Kundenlogo ausgetauscht, doch im Text der Folie stand noch der Name des früheren Kunden. Er hat das Slide nicht noch einmal detailliert durchgelesen, und beim schnellen Quercheck ist es ihm nicht aufgefallen, genauso wenig wie dem Projektleiter beim Einbinden der Folie in die Gesamtpräsentation. Erst der Abteilungsleiter des Kunden, vor dem dann präsentiert wurde, bemerkte den Fauxpas. Peinliches Schweigen im Meeting, bis der Projektleiter schließlich die Kurve unter Verweis auf Erfahrungswerte und Wiederverwendung von Wissen kriegte – wobei ihm zugutekam, dass das alte Projekt in einer anderen Branche durchgeführt wurde. Uwe wird diesen Fehler in seinem Feedback-Gespräch vermutlich rechtfertigen müssen.

In der Regel widerspricht es dem Arbeitsvertrag von Unternehmensberatern, Arbeitsergebnisse über das Ende des Arbeitsverhältnisses hinaus in ihrem Besitz zu belassen. Sollten sie dies widerrechtlich dennoch tun (zum Beispiel, weil das regelmäßige Backup-File der Wochenenden im Heimnetzwerk weiterhin nicht gelöscht wurde), dann gelten doppelte Vorsichtsmaßnahmen: Nicht nur Ihr Kunde kann verärgert reagieren, wenn er der Meinung ist, für aufgewärmte Fertigrezepte (zu) viel Geld zu bezahlen, sondern man riskiert auch arbeitsrechtliche Konsequenzen.

Sollten Sie dennoch Materialien wiederverwenden, dann achten Sie neben Logos und genauem Check der Inhalte auch auf die Angaben unter »Datei/Eigenschaften«. Besonders peinlich kann es dann werden, wenn Sie sich die Arbeit mithilfe der praktischen Suchfunktion »Filetype:ppt« per Google erleichtert haben – was sich beispielsweise anbietet, wenn der Projektleiter eine Darstellung der wichtigsten »Dos&Don'ts beim Outsourcing« fordert. Schließlich haben sich weltweit bereits ganze Heerscharen Gedanken über solche Themen gemacht, und es war sicher jemand dabei, der seine Ergebnisse direkt als PowerPoint-Datei im Netz verfügbar machte. Schneller haben Sie noch nie ein Slide erstellt – einfach Ihr Layout übergestülpt, in dem idealerweise bereits das Firmenlogo im Master eingebaut ist, die Schriften etwas angepasst, und voilà: fertig ist Ihr Arbeitsergebnis. Wie gesagt – wenn in den Dateieigenschaften nicht noch »University of San Francisco« steht.

Aber auch, wenn man sich dies noch so fest vornimmt – dass es einmal passieren wird, ist so sicher wie das Amen in der Kirche oder die Tatsache, dass in der Hektik eine E-Mail ohne Anhang verschickt wird (auf den natürlich im Mailtext verwiesen wird). Was also tun, wenn Ihnen das passiert? Wenn Sie merken, dass die angehängte Präsentation noch das Logo Ihres letzten Projektes trägt? Vielleicht benutzt Ihre Firma Microsoft Exchange als Mailserver, und Sie haben das Glück, dass Ihr Kunde ebenfalls auf das Heil aus Seattle vertraut. In diesem Falle steht Ihnen noch die Hintertür der Microsoft-Funktion »Recall this message« offen. Sie können zumindest versuchen, das entflohene falsche Wort zurückzuholen.

Sollte das nicht funktionieren, weil der Absender die Mail bereits gelesen hat oder Sie sich nicht im Umfeld von Microsoft-Treuen bewegen, dann werden Sie wohl in den sauren Apfel beißen und zu Kreuze kriechen müssen: »Werte XY (Kollegen, Projektmitarbeiter etc.), leider wurde in der vorangegangenen E-Mail eine alte Version der Präsentation beigefügt. Bitte ignorieren Sie diese Mail, und verwenden Sie als relevante Unterlage die hiermit neu übersendete Version« ... Und dann hoffen Sie, dass es noch niemand bemerkt hat. Aber keine Panik: Solche Dinge fallen viel seltener auf, als man denkt. Und wenn, dann am ehesten dem Projektleiter oder Kollegen.

Idle time

Nicht jeder Arbeitstag eines Unternehmensberaters ist von betriebsamer Geschäftigkeit von früh bis spät gekennzeichnet. Zwar mag es weniger Möglichkeiten geben, sich mit sozialer Geselligkeit abzulenken als »in der Linie«[24], dafür steht den Beratern das Privileg begründbaren vollen Internetzugangs offen – und das heißt nicht nur Zugriff auf Google, Mail, die Intranetseiten der Beratungsfirma und Seiten, die man gegebenenfalls für die Recherche und die Arbeit benötigt, sondern vor allem auch funktionierende Chat-Clients, Dating-Sites, Newsportale und Gewinnspielseiten. Willkommene Abwechslung für die Stunden, in denen Sie sich vom konzentrierten Arbeiten etwas erholen und ablenken wollen – in Ihrer persönlichen Idle time[24]. Wie umfangreich diese ist, hängt von Ihrem jeweiligen Projektumfeld ab. Manche Tage mögen ohne eine einzige freie Minute vergehen, in der man nur nach Spiegel Online schauen könnte, andere werden unter Umständen fast vollständig der Kontaktpflege mit Ihren neuen Freunden von der letzten Schulung via Skype und XING zum Opfer fallen.

Weil derartige Tätigkeiten nicht unbedingt offen kommuniziert werden, haben sich einige typische Regeln und Rituale herausgebildet:

Nicht mit dem Rücken zur Tür sitzen! Wer diesen kapitalen Fehler begeht, riskiert, dass jeder hinter ihm auf den Bildschirm schauen kann und die drei offenen Skype-Chat-Fenster entdeckt. Sofern es sich dabei um den eigenen Projektleiter handelt, mag das Risiko noch mitigierbar[25] sein. Wenn er jedoch vom Kunden begleitet wird, kann das fatale Folgen haben. Gewiefte Kollegen erkennen ebenfalls sofort, ob sich der Monitor in polierten

Schrankwänden oder auf Fensterscheiben spiegelt. Als sicher gilt immer eine Wand oder ein Schrank im Rücken und die frontale Sicht auf die Bürotür.

Das »Was macht er gerade«-Spiel: Erkennen Sie anhand der Tippgeräusche und Mausbewegungen, womit die anderen Personen im Raum gerade beschäftigt sind? Nach kurzer Zeit werden Sie einen Fundus an Erfahrungen haben, der Ihnen mit an Sicherheit grenzender Wahrscheinlichkeit die Aussage erlaubt, ob Ihr Kollege gerade im Internet surft, seine Mails liest und beantwortet, in PowerPoint arbeitet oder chattet. Untrügliches Indiz ist das Verhältnis zwischen Tastenklappern und Mausbewegungen. Fast nur Mausbewegungen und -klicks: Ihr Kollege surft gerade durchs Internet. Wenn dann auch noch Pausen dazwischen sind: Er liest, höchstwahrscheinlich Newsseiten.

Das »Wer ist mein Kollege«-Spiel: Achten Sie auf die Standardbrowser und Startseiten, die Ihre Kollegen auf ihren Notebooks eingerichtet haben. Eine kleine Klassifikation:

Internet Explorer und die Startseite Ihrer Beratungsfirma: der Kollege ist entweder technisch nicht versiert, noch nicht lange dabei oder über die Maßen loyal.

Internet Explorer und eine Newsstartseite, zum Beispiel Spiegel Online oder Bild.de: technisch wenig interessierter Durchschnittstyp – die zivilisatorische Weiterentwicklung des Bildzeitungs-Lesers.

Mozilla Firefox und Heise.de oder ähnliche technisch orientierte Seiten: technologisch versierter Berater, knapp an der Grenze zum Nerd[26] oder Geek – wahrscheinlich haben Sie eher einen Kollegen einer IT-Beratung als einen klassischen Strategen vor sich.

Opera und eine Community-Plattform wie Facebook oder 4chan.org: Exot – fragen Sie ihn, ob er sich in die

Beratung verlaufen hat. Oder freunden Sie sich mit ihm an – wahrscheinlich wird er für Abwechslung auf Ihren Beratungsprojekten sorgen.

Vermeiden Sie selbst verräterische Muster! Auch wenn Sie über eine Dating-Website gerade versuchen, mit einer Single-Frau an Ihrem Einsatzort per Chat erste Bande zu knüpfen, unterdrücken Sie das leichte Grinsen in Ihrem Gesicht oder das Erröten, wenn Ihre Kommunikation zu anzüglich wird. Ihre Kollegen werden sowieso schon längst an Ihrem Tippmuster (eine Minute lang hektisches Tippen, abgeschlossen durch einen beherzten Druck auf die Enter-Taste, zwei Minuten gespanntes Warten, erneutes hektisches Tippen) erkannt haben, was bei Ihnen vor sich geht. Bewahren Sie wenigstens die Contenance!

Wichtiges Element der Idle time sind explizite Pausen. In Zeiten, in denen das Rauchen zunehmend eine proletarische Konnotation bekommt und Raucher in die Kälte geschickt werden, empfiehlt es sich, nach anderen Pausenmöglichkeiten Ausschau zu halten. Die Teeküche birgt bekanntermaßen Gefahren, denn dort lauert eventuell der Kunde, im schlimmsten Fall werden dort sogar Gespräche mitgehört, die aufgrund des informellen Rahmens über einem Kaffee schnell um zu vertrauliche Inhalte kreisen. Deshalb: Halten Sie sich davon fern.

Geeigneter sind die privatesten aller Sitzungsräume: die Toiletten. Nicht nur, dass man hinter sich abschließen kann – mit etwas Übung findet man sogar auf einem Toilettendeckel eine sitzende Haltung, die bis zu 15 Minuten Schlaf ermöglicht (alles darüber hinaus wird verdächtig). Wichtig: Wenn Sie den Kopf auf Ihre Knie betten, denken Sie daran, dass sich unschöne rote Druckstellen auf Ihrer Stirn bilden können. Bewährt hat sich das Aufstützen auf leicht zur Faust geballte Hände, die wiederum auf den Knien ruhen. Stellen Sie sich außerdem Ihren Handy-Wecker – aber diskreterweise im lautlosen Vibrationsmodus!

Falls Sie etwas Abwechslung brauchen, ist dies auch der Ort, an dem Sie Ihren Lieblingsohrwurm erneuern können, indem Sie Ihren iPod mitnehmen (vorher testen, wie weit die Musik durch die Ohrhörer nach außen dringt – Toiletten sind, abgesehen von ein paar lautstarken Unterbrechungen, ein ausnehmend ruhiges Örtchen). Alternativ bieten sich Spiele fürs Handy an, das man unverfänglich in die Tasche stecken kann. Kleine Spiele wie Flipper oder Snake sollen immerhin für einige Minuten etwas Abwechslung in den Büroalltag bringen. Ehrgeizige wagen sich an ein Adventure-Game, das über mehrere Projektwochen hinweg Level für Level gespielt werden kann. (Kleiner Tipp: Achten Sie auf die Speichermöglichkeit, sonst sind Sie jedes Mal gleich für eine ganze Spielperiode in der Kabine gefesselt.)

Eine völlig neue Dimension haben die Entertainment-Möglichkeiten der sozialen Netzwerke geschaffen: Seit Internetseiten wie Facebook auch Spiele integriert haben, führen erstaunlich viele Beraterkollegen ein Zweitleben als Mafiakrieger oder Dorffarmer.[27] Diese Spiele zeichnen sich einerseits dadurch aus, dass rundenweise Energiepunkte, Geld oder Ähnliches ausgespielt werden, es also keine Nachteile bringt, wenn man das Spiel für ein dreistündiges Meeting unterbricht, und andererseits dadurch, dass sich ein großes Netzwerk an Mitspielern als Bonus auswirkt. Ideale Voraussetzungen für Teamplayer und Projektarbeiter, die zwischendurch eine Viertelstunde lang die nächste Deadline vergessen wollen.

Bullshit-Bingo

Meetings können nervtötend langweilig sein. Vor allem, wenn man nicht selbst präsentiert, sondern nur als unterstützende zweite Garde teilnimmt oder als »Experte« zu einem Punkt geladen ist, der irgendwann zwischen der 48. und 52. von insgesamt 180 Sitzungsminuten abgehandelt wird. Wie also dann seine Zeit füllen? Das Notebook vor sich aufzuklappen, signalisiert Abwehrhaltung und »Lass mich in Ruhe!« – ein Eindruck, den man beim Kunden nicht unbedingt hinterlassen will.

Besser: Das iPhone rausholen. Unter den Hunderttausenden von Apps gibt es tolle Schach- und Go-Programme, in die man sich meditativ versenken kann. Das wirkt schon hinreichend wichtig, kann aber immer noch zu offensichtlich enttarnen, dass man gerade nicht bei der Sache ist. Am besten greift man in diesem Fall auf Stift und Papier zurück. Sofern niemand das Blatt einsehen kann, vermögen in manchen Sitzungsstunden geradezu atemberaubend hübsche kleine Kunstwerke zu entstehen. Zur Förderung der artistischen Ader empfiehlt sich unter Umständen der gelegentliche Besuch eines abendlichen Aktzeichenkurses – da man als Berater sowieso im Hotel wohnt und keine weiteren privaten Verpflichtungen hat, ist dies nicht nur eine Gelegenheit, die eigene Kunstfertigkeit im Zeichnen zu verbessern, sondern kann auch für den Mangel an weiblichem Umgang im Büro entschädigen.

Königsdisziplin bleibt jedoch das gemeinsame Spiel unter Kollegen: Wer während des Meetings so eifrig auf seinem Block kritzelt, spielt womöglich gerade Bullshit-Bingo. Anders als bei den Turnhallen-Sessions amerikanischer Rentner sagt allerdings kein Peter-Alexander-Lookalike die Zahlen an, die man dann auf seinem Bingo-Zettel abstreicht, sondern man folgt atemlos dem Redefluss des Präsentators:

Bullshit-Bingo (auch: Buzzword-Bingo) – Spielanleitung

Teilnehmer: Peergroup beliebiger Größe, aber auch einzeln spielbar

Altersgrenze: Beliebig, macht aber mit zunehmendem Fremdwortverständnis mehr Spaß

Spielvorbereitung: Sie haben ein Meeting vor sich. Verteilen Sie zuvor Kärtchen mit den zu erwartenden Buzzwords (also Schlagwörtern). Beliebte Kandidaten sind »Outsourcing«, »Leveraging«, »Effizienzsteigerung«, »Potenzial«, »Ressourcen«, »Optimierung«, »Leadership«, »Proaktiv« etc. (das Wort »Bingo« selbst kann als Joker eingesetzt werden). Jeder Mitspieler erhält ein Kärtchen mit anderen Wortkombinationen. Hier finden Sie Vorschläge für BB-Spielkarten:

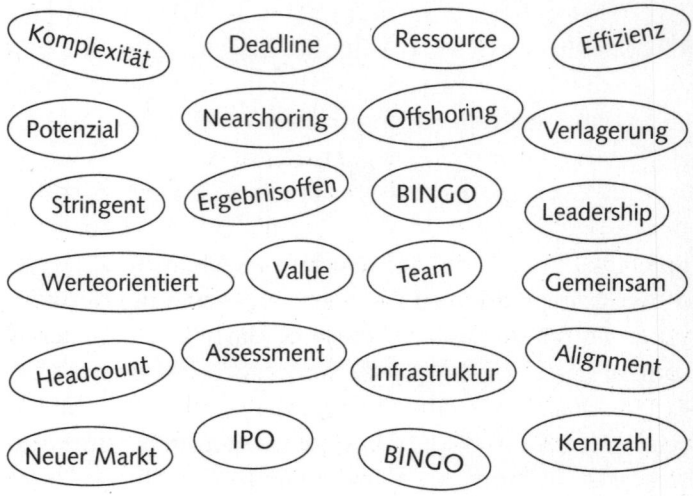

Spielablauf: Während des Meetings verfolgen alle Mitspieler eifrig die Präsentation. Jedes Mal, wenn ein Buzzword fällt, das auf einem Kärtchen steht, darf der Mitspieler es durchstreichen – was für alle anderen Teilnehmer natürlich nach eifrigen Notizen aussehen muss! Wer zuerst eine Reihe, Spalte oder Diagonale gestrichen hat, darf aufstehen und laut »Bullshit« in den Raum rufen.

Bullshit-Bingo, auch Buzzword-Bingo, lässt sich laut Wikipedia auf eine Erfindung bei Silicon Graphics aus dem Jahr 1993 zurückverfolgen und ist in einem Dilbert-Comic vom Februar 1994 verewigt. Seitdem wurde das Spiel derart populär, dass sogar IBM 2007 einen TV-Werbespot darauf aufgebaut hat.

Fünf vollkommen unverzichtbare iPhone Apps ...

Wer jemals einem Meeting beigewohnt hat, kennt die Phasen dämmriger Langeweile, die wie ein Sekundenschlaf am Steuer den Geist umnebelt und die ungestüme Phantasie auf Reisen schickt: Kollegin Schröder hat ihr allzeit interessiertes Gesicht aufgesetzt, das wie ein perfektes Make-up ihr tatsächliches Befinden überstrahlt. Als der Sitzungsleiter sie mit einer fachlichen Frage ins Gespräch einbezieht, rutscht es ihr heraus: »Ich will wieder ins Bett.« Wie würde sie wohl reagieren, wenn dem Mann am Flipchart die Naht platzt, seine Hose herunterrutscht und Opas Feinripp offenbart?

Die folgende Begebenheit jedoch hat sich tatsächlich zugetragen: Wohlpräpariert verteilt Herr Melchior zu Beginn seines PowerPoint-Vortrages mehrblättrige Handouts mit den zentralen Thesen. Ein fesselnder Vortrag, manche Kollegen nutzen die Handouts für Notizen, am Ende sogar gemeinschaftliches Auf-den-Tisch-Klopfen für die inhaltlich fundierte und erhellende Präsentation. Noch während sich die Teilnehmer erheben, passiert es: Kollege Balthasar zerreißt sein Handout mit einem lauten RITSCH längs und RATSCH noch einmal quer und lässt ungeniert die Schnipsel in den Papierkorb beim Whiteboard gleiten. »So schlecht war der Vortrag doch gar nicht ...?«, steht in den Gesichtern aller Beteiligten geschrieben. Der Schredder-Kollege bemerkt die Düpiertheit der anderen Sitzungsteilnehmer nicht und verabschiedet sich. Was ist bloß in ihn gefahren?

1. Dokumente scannen und on-the-go als PDF versenden

Die Antwort: Kollege Balthasar mag es papierlos und hat bereits während der Sitzung seine Notizen via iPhone eingescannt und sie abschließend als PDF-Attachment an die eigene E-Mail-Adresse geschickt. Ach so, deshalb hat er während des Vortrages mit seinem iPhone herumgespielt, darauf muss man ja erst mal kommen ... Die App »finarXScan« jedenfalls leistet in dieser Hinsicht Erstaunliches. Die eingebauten Filter verwandeln ein schlecht ausgeleuchtetes Dokument oder Whiteboard in einen gestochen scharfen Scan. Selbst perspektivische Verzerrungen der Dokument-Fotos lassen sich schnell korrigieren. Texte können über die integrierte Schnittstelle via Google Docs Texterkennung sogar digitalisiert werden. Übrigens: Der Datenschutzbeauftragte lässt schön grüßen – Palo Alto kennt die Inhalte dann nämlich auch.

2. Apropos PDF: Dokumente lesen, kommentieren und mit Auszeichnungen versehen

»Aji Annotate« macht's möglich: Jedes per Wifi-Verbindung mit der App synchronisierte PDF lässt sich mit elegantem Fingertippen bearbeiten und versenden. Die Kommentare, Hervorhebungen, Unterstreichungen sind vollkommen kompatibel mit den gängigen PDF-Betrachtern auf PC oder Mac. Wer Wurstfinger hat, sollte erst einmal lernen, mit der iPhone-Tastatur klarzukommen. Ansonsten eine praktische App, die auch mit langen Dokumenten mühelos fertigwird. Herr Balthasar hätte seine Freude daran, wenn der Rechner, mit dem er seine PDFs synchronisiert, im selben WLAN-Netz ist wie sein iPhone.

3. Sternenkundig Frau Schröder erobern

Wenn Sie tatsächlich mit der romantischen Vorstellung leben, den Traumpartner mit fundierter Kenntnis des nächtlichen Firmaments gewinnen zu können, dann ist »Starmap« die richtige App für Sie. Vorausgesetzt, Ihr iPhone verfügt über GPS (ab Version 3GS), dann ermöglicht das perfekte Zusammenspiel von Bewegungssensoren und App quasi die Live-Beschriftung aller Himmelsobjekte. Einfach die App starten und den Screen auf den unbekannten Stern Ihres Interesses ausrichten: Die eingebaute Sternenkarte zeigt automatisch den aktuellen Himmelsausschnitt und lüftet jedes himmlische Rätsel, sofern es nicht bewölkt ist. Aber selbst dann könnten Sie Frau Schröder auf der Dachterrasse des Hotels noch mit den Worten beeindrucken: »Wenn es jetzt nicht bewölkt wäre – genau dort steht gerade das Kreuz des Südens.« Falls Frau Schröder auf Kreuze steht. Deswegen ist diese App nicht nur für Astronomie-Fans ein Muss. Gewiefte Strategen nutzen diesen Einstieg übrigens für eine intensive Unterhaltung über Sternzeichen und deren Charaktereigenschaften und merken geschickt an, dass Frau Schröders Geburtszeit sie ja geradezu dazu prädestiniert, wilde und romantische Dinge zu tun.

4. Bei mir bist Du schön: Portrait-Bildbearbeitung

Sie sind doch nicht etwa eitel? Wenn nicht, dann können Sie diesen Absatz überspringen. »Makeover« ist nämlich keines dieser ausgelutschten Goo-Tools, die »ausgefallene« Grimassen in jedes Portrait-Foto zaubern, sondern verfügt über eine manuell korrigierbare Gesichtserkennung, die es Ihnen ermöglicht, Ihre Portrait-Fotos mit wenigen Fingertipps – nach angeblich wissenschaftlichen Erkenntnissen – zu verschönern. Größere Augen, ein Lächeln in die

Mundwinkel, Wangenknochen korrigieren, Nasenflügel zusammenrücken, alles kein Problem. Die beeindruckenden Resultate gehen als veritable Schönheiten durch, immer vorausgesetzt, die Betrachter haben nicht den direkten Vergleich zum Original. Wenn Sie eitel wären, könnte das ein Tool für Ihre sozialen Aktivitäten im Netz sein: unverzichtbar für die virtuelle Präsenz auf Facebook oder XING und bei Bewerbungsfotos. Warnung: Wer zu dick aufträgt, der enttäuscht im Leben.

5. Viel lieber im Musikkeller, als schon wieder auf die nächste Maschine warten

Als »Mr. und Mrs. Wichtig« in der Welt herumtingeln zu dürfen, hat nun mal seinen Preis. Zum Beispiel den, abends nicht mit den eigenen Bandkollegen im Hobbykeller musizieren zu können. Nicht traurig sein: mit »Finger-Beat« und Ohrhörern gründen Sie Ihre eigene Band, die Sie praktischerweise mit Ihrem iPhone in der Tasche haben. Zahllose Instrumente und Mehrspurrekorder erlauben es sogar allen Möchtegerns, in wenigen Minuten per Fingertipps den eigenen Song zu komponieren und aufzunehmen – in bester Stereoqualität.

... und fünf Tipps für ein glücklicheres Leben ohne sie!

1. Dokumente im Beisein ihrer Urheber zu zerreißen, ist und bleibt hochnäsig und unhöflich. Auch hier gilt die Regel: Eine Seite zu *kopieren* heißt noch lange nicht, sie gelesen oder sogar *kapiert* zu haben.
2. Mit dem Touchscreen auf Du und Du: Wenn Sie noch keine Brille brauchen, könnte sich das bald ändern, sofern Sie nicht ein Fan von Pinch-und-Zoom-Gesten sind, die Sie zur Navigation durch die engen Bildausschnitte Ihrer PDFs zwingen.

3. Sollte Frau Schröder es romantisch mögen und der Anblick des Sternenhimmels zu ihrer Vorstellung von Romantik gehören – ganz sicher gehört eines *nicht* dazu: der iPhone-Screen, mit dem Sie vor Frau Schröders Nase herumnesteln. Der Kauf eines iPads schafft ebenfalls kaum Abhilfe, denn mit dem Herumwinken dieser modernen Schiefertafel macht man sich schnell mit jenen Anheizern gemein, die bei TV-Shows die »Applaus«-Schilder in die Höhe halten.
4. Sie sind ja nicht eitel und außerdem als Berater ein Fan von ungeschminkten Fakten. Sehen Sie in den Spiegel. Was wollen Sie mehr?
5. Zur richtigen Work-Life-Balance leistet Musik bestimmt ihren Beitrag. Umso schöner, wenn man sie selber macht. Zur Work-Life-Balance gehört aber auch der Feierabend oder – wenn der schon ein Fremdwort für Sie ist – regelmäßige Treffen mit Freunden. Wenn dabei eine Musik-Session herauskommt, umso besser. Sollten Sie sich dennoch im Hotelzimmer langweilen, spielen Sie lieber Luftgitarre.

… und es geht sogar ohne iPhone:
Für alle Anwendungen finden sich natürlich Äquivalente im Android Market. Wer also sein Geld lieber noch in einen Blumenstrauß für seine Liebste investiert, anstatt Unsummen nach Cupertino zu tragen, kann mit einem Konkurrenzmodell auf Basis des Google-Betriebssystems ein ebenso bequemes, aber günstigeres Leben führen.

4 | Beraternomaden: Leben outgesourced

Jetset: Alle Berater fliegen hoch!

Berater sind die modernen Nomaden – statt den fruchtbaren Weidegründen oder den jagdbaren Beutetieren folgen Sie den Strömen des Kapitals und der Arbeit um die Welt. Think globally, act locally – als Berater lernt man schnell, dass eine Vervielfachung des »locally« einen schnell mehrfach um den Globus führen kann.

Schon klassisch ist der Sketch aus der Comedy-Sparte im deutschen Fernsehen geworden: Zwei Typen im Anzug stehen am Flughafen und warten auf die Abfertigung, als einer den anderen anspricht: »Na, auch Businesskasper?«

Mit zunehmendem Meilenkonto lernen Sie immer mehr Flughäfen kennen, Sie sehen die immergleichen Gepäckbänder – und werden sich früher oder später bei der Frage ertappen, in welcher Stadt sie jetzt gerade auf Ihren Koffer warten. Sofern Sie aus dem deutschen Sprachraum kommen, werden Sie mit hoher Wahrscheinlichkeit als guter Kunde von Lufthansa die Business- und Senatoren-Lounges nach Lage, Ausblick und Speisenangebot einzuteilen wissen. (Der Geheimtipp: Brotzeit in der Senator-Lounge am Flughafen München – mit Leberkäs, Weißbier und Brez'n. Bloß nicht freitagnachmittags, dann ist es dort manchmal so überfüllt, dass Sie zwischen den Sitzgelegenheiten im Stehen essen müssen.)

Beim Einchecken trennt sich schnell die Spreu der Businessclass-Elite von den armen No-Frills-Passagieren. Die einen genießen die Privilegien der »Fast Lane«, die anderen tummeln sich mangels Sitznummerierung in einem

Klumpen am Gate, knapp davor, im Kampf um einen Fensterplatz handgreiflich zu werden. Seit dem Aufkommen der Billigairlines (no frills: keine Extras!) hat das Fliegen zweifellos an Nimbus eingebüßt. Keine Mahlzeiten mehr an Bord, selbst für Kaugummi in Brötchenform werden einem über den Wolken bodenlose Preise abgeknöpft. Von den Zeiten kostenlosen Alkoholausschanks ganz abgesehen.

Sollten Sie in den Genuss eines entfernten Auslandsprojektes kommen, dann könnte es sein, dass Sie auch als einfacher Berater gemäß Ihrer Travel-Policy-Businessclass fliegen dürfen. Für die Auswahl der richtigen Fluggesellschaft (auch bei allen Star-Alliance-Partnern lassen sich LH-Meilen sammeln) empfiehlt sich die Konsultation einer Website mit einer Übersicht über die Flugzeugsitze der einzelnen Gesellschaften – eine kurze Google-Recherche sollte Sie schnell auf ein entsprechendes Portal führen. Weitere Parameter wie die Qualität des Essens (bei Austrian Airlines fliegt ein eigener Koch mit, der im Flugzeug zubereitet) oder die Auswahl des Unterhaltungsprogramms sollten Sie hinzuziehen.

Unter dem Kostendruck der letzten Jahre haben allerdings viele Beratungsgesellschaften und ihre Kunden die Reiserichtlinien unvorteilhafterweise dahingehend geändert, dass immer häufiger Flüge mit sogenannten »No-Frills«-Gesellschaften wie Air Berlin oder sogar easyJet gebucht werden sollen, um die Reisekosten gering zu halten. Man kann nicht oft genug darauf verweisen, wie sehr sich eine angespannte Körperhaltung durch zu wenig Beinfreiheit auf die Arbeitsleistung auswirkt. Obwohl die ehemaligen Underdogs mittlerweile sogar eigene Bonusprogramme unterhalten, scheint es trotzdem eine Abstufung zwischen »Air Berlin Gold Member« und »Lufthansa

Senator« zu geben – strahlt Letztere doch zweifellos noch die Gediegenheit der altehrwürdigen Kranichlinie und die Aufnahme in die internationale Fluggastfamilie der Star-Alliance-Kunden aus, während den AirBerlinern der freche Ruch des Newcomers das wenig vorteilhafte Image des Preisfuchses verschafft. Zumindest die weite Verbreitung der Star-Alliance-Lounges wird dem Senator ein müdes Lächeln über die Berlinfreunde abgewinnen – was ungefähr das Verhältnis von Bayern München zu Hertha BSC widerspiegelt.

Das Leben aus dem Koffer erfordert einige weitere Kompromisse. Zuvorderst: Cash Management. Die Einführung des Euro hat das Nomadenleben zweifellos vereinfacht, aber nach wie vor ist die Kreditkarte das beliebteste Mittel der Wahl, um die täglich anfallenden Servicegebühren für Taxi, Hotel und Restaurant zu begleichen. Nur so kann man von den angegliederten Bonusprogrammen profitieren und erhält zusätzlich die Möglichkeit, sein Ego durch das dezente Vorzeigen goldener, schwarzer oder platinfarbener Karten zumindest seiner Begleitung oder dem Kellner gegenüber zu polieren.

Schade, dass Deutschland kreditkartentechnisch trotzdem immer noch ein Entwicklungsland ist. Vor allem die Logistik an Taxiständen wird dadurch konterkariert, dass nicht jeder Taxifahrer Kreditkarten akzeptiert und es deswegen manchmal zu einem Durcheinander an den Schlangenenden von Taxis und Wartenden kommt. Im Gegensatz dazu zeigen sich einmal wieder die nordischen Länder vorbildlich: In Finnland gilt es durchaus als üblich, auch das Sandwich mit Karte zu bezahlen – was die Notwendigkeit, Bares mit sich zu führen, für den Vielreisenden drastisch reduziert.

Hotels: Home, sweet home

Eines der signifikantesten Merkmale des Berateralltags ist die Zugehörigkeit zur Clique der Reisenden. Unternehmensberater verbringen einen Großteil ihrer Nächte in Hotels – allen Arten von Hotels: solchen mit fünf Sternen (die in Deutschland durchaus etwas anderes bedeuten als in Riga oder Griechenland ...), aber auch mit drei Sternen (auf die ausgewichen werden muss, wenn am Zielort alle Hotels wegen Messeterminen belegt sind oder durch »normale« Auslastung alle Hotels jenseits der mit dem Kunden ausgehandelten Übernachtungskosten liegen).

Es ist nämlich keinesfalls so, dass Unternehmensberater zwingend immer in den Marriots, Hiltons oder Intercontinentals dieser Welt einquartiert werden, schließlich ist über ihnen immer noch die Kaste der Designer, Popstars und Selbstständigen (zumindest einiger) und sonstiger Lebenskünstler wie Berufserben anzutreffen ...

Ein durchschnittliches Jahr mit 220 Arbeitstagen in 46 Arbeitswochen bedeutet für Unternehmensberater oft bis zu 184 Übernachtungen »aushäusig« – damit verbringen sie ziemlich genau 50 % ihrer Zeit in Hotelzimmern. Für dieses andere Zuhause gelten einige Einschränkungen, an die man sich erst gewöhnen muss: Der Zugriff auf private Habseligkeiten ist reichlich eingeschränkt. Das umfangreiche Bücherregal mit der Sammlung wirtschaftsphilosophischer Titel aus Studienzeiten ist ebenso unerreichbar wie die Vinylsammlung von Clubtracks und musikalischen Raritäten, von Klavier und Heimtrainer ganz zu schweigen. Kein Wunder, dass Berater an vorderster Front sind, wenn es darum geht, Medien von ihren physischen Trägern zu befreien. Die Platten- und CD-Sammlung landet vollständig auf dem iPod und bleibt zu

Hause nur noch als nostalgisches Relikt (bis der Lebenspartner oder die Familie eines Tages Zugriff auf den blockierten Raum fordert), Bücher werden vorzugsweise nur noch als E-Book oder Hörbuch gekauft, weil diese sich nicht nur leichter transportieren lassen, sondern der Besuch im Fitnessstudio eines Hotels dann gleich mit einem Kapitel Stephen Hawking angereichert werden kann. Hobbys wie die Leidenschaft für Musikinstrumente jeglicher Art, Kochen oder Gärtnern werden entweder aufs Wochenende verschoben oder im Laufe der Zeit auf wenige Gelegenheiten reduziert.

Dafür lassen sich im Hotelumfeld andere Annehmlichkeiten finden, die man dann zu Hause schmerzlich vermisst: Die Gewöhnung an den kurzen Weg vom Bett zur Minibar ließ schon so manchen Kollegen über die Anschaffung eines Mini-Kühlschranks fürs eigene Schlafzimmer nachdenken, um sicherzustellen, dass man sich auch zu Hause die beliebte Kombination aus Kleinstportionen von Alkoholika und Softdrinks und Snacks von methusalemischem Alter nicht versagen muss. Ebenfalls unverzichtbar: ein »Bitte nicht stören!«-Schild für die eigenen Privaträume, weil man sich beim Ins-Bett-Gehen nicht mehr von dem Gefühl der Angst befreien kann, am nächsten Morgen ungebetenerweise vom Servicepersonal geweckt zu werden, falls man um neun Uhr noch im Bett liegt.

Die Auswahl des richtigen, individuell passenden Hotels kann helfen, die Kluft zwischen Zuhause und Projekthöhle etwas zu schließen: Vielleicht finden Sie unterwegs ein Haus mit ähnlichem Kunstgeschmack (schwierig), persönlichem Umgangston (noch schwieriger) oder sogar eigenen Entfaltungsmöglichkeiten (eigene Küche – fast unmöglich). Für länger andauernde Projekte lohnt sich die Diskussion mit dem Projektleiter über die Anmietung möblierter Appartements – wenn man einen wirtschaftlich überzeugenden Case präsentieren und Einsparungen in Aussicht stellen kann, stehen die Chancen auf eigene vier Wände gut, in denen Sie sich zumindest ein wenig ausbreiten können.

Boarding Houses mit Full-Service-Angeboten (wöchentlicher Wäschewechsel, Frühstücksmöglichkeit etc.) gibt es mittlerweile in fast allen größeren Städten der Welt. Ansonsten sind natürlich die üblichen Verdächtigen auf der Liste ganz oben: Hilton, Sheraton, Marriott, Le Méridien und Konsorten bieten dem Geschäftsreisenden weltweit ein gleichbleibendes Niveau an Komfort und Luxus. Und die Garantie, auf seinesgleichen zu treffen. Aber Achtung: Selbst große Häuser altern, bekommen Flecken auf Polstern und Tapeten, und auch ein bekannter Name schützt nicht vor lauernden Fußpilzkeimen im Veloursteppich. Dafür darf man mit einer Grundausstattung an Restaurants, Fitnessmöglichkeiten wie Sauna, Schwimmbad und Sportgeräten sowie Clubräumen für bevorzugte Gäste rechnen.

Vorsicht: Das Gefühl der vermeintlich individuellen Exklusivität wird schnell durch zwei Aspekte konterkariert, durch die die Zugehörigkeit zu einer Gruppe deutlich wird: durch die gemeinsame Teilnahme an denselben Bonusprogrammen und den hohen Erkennungswert beim Frühstücksbüffet.

Bonusprogramme

Einer der wichtigsten Aspekte bei der Auswahl des Hotels sowie des Verkehrsmittels ist die Anwendbarkeit von Bonusprogrammen. Auch wenn die deutsche Rechtsprechung einen privaten Anspruch auf beruflich erworbene Meilen und Punkte ablehnt, so sind die meisten Beratungsunternehmen weise genug, diesen Anspruch nicht abzulehnen, sondern die private Nutzung der Boni als Ausgleich für die investierte Privatzeit über die vertraglich vereinbarten 40 Wochenstunden hinaus zu erlauben. Damit eröffnen sich grenzenlose Möglichkeiten der Optimierung, denn Bonusprogramm ist nicht gleich Bonusprogramm:

Lufthansa Miles & More und Epigonen

Die großen Airlines waren die Ersten, die Bonusprogramme (»Loyalty programs«) als Mittel zur Kundenbindung massiv eingesetzt haben – und damit mittlerweile auch über die weitreichendsten Kooperationen im Vergleich zu anderen Marken verfügen. Mit einer Lufthansa-Miles-and-More-Karte können Sie fast überall die legendären Meilen sammeln: beim Mieten eines Mietwagens, in den meisten Hotels, in vielen Geschäften im oberen Preissegment, beim Abonnieren von Zeitschriften ...

Mit der Verleihung von Statusprivilegien in den Kategorien Frequent Traveller (Kollegen, die überwiegend in Deutschland und Europa arbeiten), Senator (gelegentliche Projekte in Übersee oder Asien) und HON (häufige Projekte in Übersee oder Asien, lebt quasi im Flugzeug) werden Karten mit entsprechenden Farben ausgegeben (Frequent Traveller: silber, Senator: gold, HON: schwarz). Ab dem Senatorenstatus ist automatisch eine Kreditkarte an den Status gekoppelt, und Sie haben die Möglichkeit, bei jedem Bezahlen Bonusmeilen zu sammeln.

Achten Sie auf den Unterschied zwischen Bonus- und Statusmeilen! Während Sie Bonusmeilen, für die Sie Prämien einlösen können, auch beim Kreditkartenkauf oder

Mieten eines Leihwagens gutgeschrieben bekommen, tragen Statusmeilen, die für Flüge je nach Strecke und Klasse vergeben werden, zum Erreichen bzw. Erhalt Ihres Vielfliegerstatus bei.

Hilton, Starwood preferred guest und andere Hotelprogramme

Nicht in allen Hotels können Sie Lufthansa-Meilen sammeln. Vor allem die großen Ketten versuchen Sie in die eigenen Kundenbindungsprogramme aufzunehmen. Das Prinzip ist ähnlich: Auch hier gibt es Statusvorteile, vom automatischen Zimmer-Upgrade (nach Verfügbarkeit), persönlicherem Service bis hin zur Zimmergarantie. Wenn Sie längere Zeit an einem Projektstandort bleiben, werden Sie schnell einige Kategorien nach oben klettern. Machen Sie sich mit den Modalitäten vertraut! Manchmal werden die Punkte nicht nach der Dauer des Aufenthalts, sondern pro Eincheckvorgang vergeben. Hartgesottene Optimierer reisen deswegen montags an, checken dienstags aus, übernachten von Dienstag auf Mittwoch bei der Konkurrenz, ziehen mittwochs wieder in das Zielhotel und übernachten bis Donnerstag dort – das macht drei Aufenthalte mit jeweiliger Bonusprämie. Allerdings muss man dafür mit dem permanenten Ein- und Auspacken leben.

Sollten Sie sich in einem Programm endlich bis zum Diamant- oder Ambassadorstatus hochgeschlafen haben, dann werden Sie womöglich einige Annehmlichkeiten vermissen, wenn Sie am nächsten Projekt(stand)ort kein Hotel Ihrer präferierten Marke finden. Für diese Fälle gibt es die Einrichtung eines sogenannten Statusmatches: Ihnen wird angeboten, den bei einem Konkurrenzprogramm erworbenen Status ebenfalls auf Ihr neues Programm zu übertragen. Damit will man Sie natürlich als Kunden gewinnen und der Konkurrenz abspenstig machen. Allerdings ist so ein Statusmatch nur einge-schränkt möglich (zum Teil ist es lediglich ein Mal an-wendbar), daher sollten Sie sich das gut überlegen. Aber bevor Sie auf die Malediven fliegen, um dort Ihre Meilen endlich in Erholung umzusetzen, mag sich das Upgrade auf »Super-special-Diamant-VIP« lohnen – wenn dort Ihr Standardhotel keinen Club unterhält.

Deutsche Bahn comfort

Das comfort-Programm der Deutschen Bahn ist der bescheidene Versuch, die Bonusprogramme der Flugge-sellschaften zu kopieren – dank der ebenfalls kopierten Trennung in Status- und Bonuspunkte hemmungslos kompliziert und außer bei der Bahn selbst eigentlich noch nirgends einlösbar. Sollte sich jemand vor Ihnen als Bahn-comfort-Kunde outen – vermeiden Sie es, ihn mitleidig anzusehen. Denken Sie an die Klimabilanz Ihrer Senator-karte, und überlegen Sie, ob Ihre Kinder in dreißig Jahren nicht über einen fleißigen Bahnfahrer glücklicher gewe-sen wären.

Kreditkarten

Neben Fluggesellschaften, Hotelketten, Tankstellen etc. verfügen mittlerweile auch die großen Kreditkartenfir-men über Bonusprogramme, die Ihnen die Kreditkarten-nutzung versüßen sollen. Wie bei der Lufthansa-Visakarte für jeden Umsatzeuro eine Bonusmeile gutgeschrieben wird, so können Sie mittlerweile auch bei anderen Firmen Punkte oder Rewards sammeln und diese wieder in Prä-mien einlösen. Zahlen Sie also Ihre Hotelrechnung mit der (bonusfähigen) Kreditkarte, und Sie gewinnen doppelt!

Roadfood: Hotelfrühstück und Abendessen

Anfangs ist es eine überwältigende Erfahrung: Ihr erstes Hotelbüfett! Frühstück mit Dutzenden von Platten, Tiegeln, Töpfchen – warm, kalt, süß, sauer. Im Großen und Ganzen lässt sich die Güte des Hotels am Frühstück mit am besten ablesen. Aber spätestens dann, wenn Sie vor sich biegenden Tischen ausgerechnet Ihr Nutella nicht finden können, wird Ihnen so schnell wie sonst nirgends bewusst, wie wichtig Ihnen das Treffen genau Ihres Geschmacks sein könnte. Betten mögen Betten sein – von der Qualität bekommt man höchstens zeitversetzt etwas mit –, aber beim Frühstück werden Auswahl und Frische zum individuellen Anspruchsfaktor.

Aus der großen Auswahl werden Sie nach kurzer Probierphase mit traumwandlerischer Sicherheit Ihr Standardmenü zusammenstellen – und die Wahrscheinlichkeit, dass Sie es ändern, ist gering. Selten wird dem Menschen so deutlich vor Augen geführt, wie viele Möglichkeiten er hätte und was man alles der Tatsache opfert, ein Gewohnheitstier zu sein – haben Sie den Mut, ab und zu Ihre Frühstückstraditionen zu brechen! Auch andere Menschen essen einmal Bohnen mit Speck am Morgen!

→ **Wenn Sie Berater kennen:**
Sollte einer Ihrer Bekannten aus Beraterkreisen bei Ihnen zu Hause privat übernachten, wundern Sie sich nicht, wenn er morgens etwas desorientiert in der Küche umherschaut. Vermutlich sucht er lediglich die vertrauten Items nach einer Nacht im fremden Bett. Sofern Sie willens sind (und darüber verfügen), können Sie ihm die Eingewöhnung erleichtern,

wenn Sie Rührei und Speck auf großen, silbernen Warmhalteplatten mit entsprechenden Deckeln anrichten. Er wird sich sofort heimisch fühlen.

Neben der Übernachtungsfrage sind Berater in Sachen Outsourcing so konsequent, dass auch die abendliche Essenszubereitung zumindest unter der Woche fast immer Profis überlassen wird. Als Berater werden Sie außer am Wochenende also selten in die Verlegenheit kommen, in einen leeren Kühlschrank zu schauen – denn die Möglichkeit, sich selbst etwas zu kochen, ist bei Hotelaufenthalten in der Regel beschränkt. Das hat durchaus praktische Folgen: Restaurantbelege lassen sich einfacher in Form von Spesen geltend machen als die Einkäufe im Supermarkt. Die deutsche Pauschalregelung der Aufwandserstattung für Tage außerhalb des im Arbeitsvertrag verankerten Arbeitsplatzes begünstigt zwar eigentlich die Selbstverpflegung (im Gegensatz zu den Schweizer Kollegen, die jeden Beleg nach Nachweis erstattet bekommen und deswegen stets nach Begleitung zum Mittagessen ins Sterne-Restaurant suchen), aber durch die Möglichkeit, ein geselliges Beisammensein über Burgern oder Bier als Geschäftsessen zu deklarieren, ergibt sich immer noch eine Chance, die Ausgaben dem Projektbudget anzulasten. Da also Selbstkochen ausscheidet, bleiben drei Alternativen: Abendessen allein, mit den Kollegen oder mit dem Kunden.

Alleine zu essen, hat den großen Vorteil, dass Sie Ablauf, Ort und Speisekarte vollkommen frei bestimmen können. Ob McDonalds oder doch ein Schwarzbrot aus dem Supermarkt, mit etwas Kräuterbutter und einer Gurke auf dem Hotelzimmer zusammengestellt – einzige Beschränkung sind die verfügbaren Hilfsmittel. Nicht jeder Hotelmanager unterstützt willig die Brotzeit auf dem Zimmer, und manchmal lässt der Zimmerservice Sie mit einem kalten Blick spüren, dass für den Rotwein, den Sie gerade noch in der kleinen Weinhandlung erstehen konnten und für den Sie jetzt um einen Korkenzieher gebeten haben, eigentlich »Korkgeld« fällig wäre – ein Betrag, mit dem sich die Hotels und Restaurants entgangene Einnahmen ausgleichen lassen, wenn man Selbstmitgebrachtes verzehrt. Eine milde Bestechung in Form eines großzügigen Trinkgeldes mag hier helfen, doch wenn Sie speziellere Wünsche wie Küchenmesser oder einen Austernknacker haben, weil Sie Ihr Abendmahl etwas großzügiger gestalten und dazu womöglich auch noch eine Ananas schälen möchten, dann sollten Sie sich darauf gefasst machen, dies mit gebotener Coolness und Selbstbewusstsein durchzuspielen.

Falls Sie alleine ausgehen – versuchen Sie nicht, Ihr Kommunikationsdefizit aus dem stundenlangen Starren auf den Notebook-Bildschirm zwanghaft auszugleichen, indem Sie jedes erreichbare Opfer sofort ansprechen (vor allem, wenn es sich um Frauen handelt). Der Spruch »Do you like Mai Tai?« mag an der Hotelbar als Wortspiel durchgehen, ist aber nicht jedermanns/frau Sache. Hier hilft es, ein Buch mitzunehmen oder seine Gedanken in andere Richtungen schweifen zu lassen.

Weitaus häufiger wird das Abendessen gemeinsam mit dem Projektteam oder zumindest mit einem Kollegen stattfinden. Nach einem Arbeitstag von 12 bis 15 Stunden auch noch die wenigen Stunden abends mit denselben Menschen teilen? Der natürliche Grund dafür liegt darin, dass Ihnen diese Menschen einfach vertraut sind. Zumindest bietet das Abendessen auch die Möglichkeit, Dinge

»off the record« anzusprechen und die gegenseitigen Meinungen über die Projektsituation außerhalb des formalen Rahmens zu diskutieren.

Erstaunlicherweise zeigt sich ein Phänomen immer wieder, wenn Unternehmensberater gemeinsam essen gehen: Der Hang zur Standardisierung macht auch vor der Essensauswahl nicht halt. Vielleicht erweist sich in dieser Hinsicht die Auswahl des Recruiting-Prozesses hinsichtlich eines »sozialen Fit« doch als treffsicher, jedenfalls ist es nicht ungewöhnlich, mit einem Team von zehn Beratern in ein Lokal mit reichhaltiger Speisekarte zu gehen und dann festzustellen, dass neun von zehn Personen dasselbe Gericht bestellen.

Dass man bei all der Essengeherei gegebenenfalls Abstriche bei der Qualität machen muss (kaum eine professionelle Gastronomieküche ist sauberer oder sorgfältiger gepflegt als die zu Hause nie benutzten Edeleinbaugeräte), entspricht der 80/20-Regel[28], dass es unverantwortbare 80 % mehr Aufwand bedeuten würde, selbst zu kochen, als die 20 % Spaß- und Qualitätseinbußen in Kauf zu nehmen – zumal die eigenen Kochfähigkeiten im Laufe der Beraterkarriere mangels Übung nur als zunehmend abnehmend beschrieben werden können und keinesfalls an den unerreichbaren Kompetenzvorsprung eines Profikochs heranreichen. Immerhin gibt es positive Nebeneffekte zu verzeichnen: Im Laufe der Zeit qualifizieren sich erfolgreiche Berufsnomaden durchaus als nebenberufliche Hotel- und Restauranttester, die durch ihre zuverlässig gleich konfigurierte Schnittstelle weitgehend normierter Übernachtungs- und Verpflegungsbudgets eine einheitliche Bewertungsbasis haben.

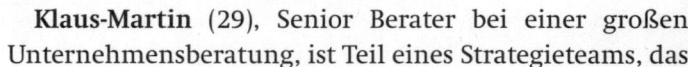

Klaus-Martin (29), Senior Berater bei einer großen Unternehmensberatung, ist Teil eines Strategieteams, das oft intensive Sechs- bis Zehn-Wochen-Projekte durchführt. Schnell Optimierungspotenziale aufzuzeigen oder Fusionsentscheidungen auf Risiken zu überprüfen, bedeutet nicht nur, sich jedes Mal in ein neues Branchenumfeld hineinzudenken, sondern lässt durch´ regelmäßige 16-Stunden-Tage wenig Zeit für eine gesellige Form der Nahrungsaufnahme. So ist er mittlerweile nicht nur Experte für diverse Bettenqualitäten, auf die er aufgrund seines durch exzessives Mountainbiken in der Jugend leicht lädierten Rückens sehr sensibel reagiert, sondern er traut sich zu, anhand des Club-Sandwiches blind die Hotelkette und sogar deren Standort zu identifizieren – schließlich ist das zuverlässig die einzige warme Mahlzeit, die fast jede Hotelbar und jeder Zimmerservice rund um die Uhr serviert. Über einen »Wetten, dass ...?«-Auftritt hat er schon ab und an nachgedacht, ist darüber dann aber jedes Mal eingeschlafen.

5 | Berater als Lebenseinstellung: Alles nur Projekt

Einkommen: Get rich or die tryin'

Viele Unternehmensberater fragen sich, warum sie diesen Job machen – angesichts der Tatsache, dass sie jede Menge Lebenszeit auf Projekten zubringen, deren Erfolg und Sinngehalt womöglich umstritten ist, ein verständlicher Reflex. Für viele Berufseinsteiger stehen die guten Verdienstmöglichkeiten ganz oben auf der Liste der Dinge, die den Beraterberuf attraktiv machen. Wie hoch diese Attraktivität zu bewerten ist, hängt allerdings von den Begleitumständen ab, die dazu in Relation gesetzt werden müssen.

Betrachten wir einen jungen, hi-flying Senior Consultant, der für ein Zielgehalt von 60 000 Euro im Jahr arbeitet, das macht bei 10 % variablem Anteil 4500 Euro im Monat. Der Arbeitstag beginnt morgens um 8:30 Uhr und endet montags bis donnerstags um 21:30 Uhr. Freitags schafft man es eventuell, um 17:30 Uhr zurückzufliegen. Die Gesamtwochenarbeitszeit beträgt somit 61 Stunden – Mittagspausen eingerechnet, denn diese gleichen sich mit der zusätzlichen Arbeit unterwegs, am Wochenende oder spätabends im Hotelzimmer noch aus. Der Einfachheit halber auf 60 Wochenstunden abgerundet, ergibt sich bei fünf Wochenarbeitstagen eine durchschnittliche Arbeitszeit von 12 Stunden pro Tag und bei 21 Tagen pro Monat ein Bruttoarbeitsentgelt von 17 Euro 85 pro Stunde.

Demgegenüber muss sein Studienkollege mit einem Job in der Industrie laut Tarif eine 38,5-Stunden-Woche einhalten und darf nur in Ausnahmefällen und auf Anforderung durch den Vorgesetzten Überstunden machen. Das Gehalt als Projektmanager liegt mit 48 000 Euro deutlich unterhalb der Beraterkonditionen, aber mit 3000 Euro zielabhängiger Vergütung ergibt sich aus den durchschnittlich 7,7 Arbeitsstunden pro Tag mit 21 Tagen im Monat ein Stundensatz von 23 Euro 19 – also wesentlich mehr. Dazu schläft er jede Nacht in seinem eigenen Bett, sieht seinen Lebenspartner täglich (und gegebenenfalls seine Kinder, für die sein Beratungskollege nie Zeit hätte) und hat darüber hinaus Muße, abends in einem Chor zu singen oder mit den Studienkollegen Fußball zu spielen – während der Unternehmensberater in einer namenlosen Stadt in einem namenlosen Hotel darüber sinniert, ob das Club-Sandwich für 18 Euro, das als einziges Gericht noch nach 23 Uhr serviert wird, sich tatsächlich als Spesen absetzen lässt.

Das Potenzial der Unternehmensberatung wird also anderswo gesehen – in den Entwicklungschancen. Tatsächlich steigen aufgrund des Kettenbriefcharakters – der Chef verdient an den Tagessätzen seiner Untergebenen mit – die Gehälter in den oberen Hierarchiestufen beträchtlich an: Von einem Tagessatz von 1000 Euro, den der Kunde zahlt, landen nur knapp 215 Euro als Gehalt auf dem Konto des Beraters. Ein kleiner Teil fließt in den Arbeitgeberanteil der Sozialversicherung, und mindestens 600 Euro werden noch verteilt – an diejenigen, die von der Arbeit profitieren: die Vorgesetzten – und die administrativen Angestellten der Beratungsfirma, von der operativen Truppe manchmal abfällig »Wasserkopf« genannt.

Durch diese Beteiligung der oberen Chargen erklären sich die erheblichen Gehaltssteigerungen mit zunehmendem Karrierelevel: Ein Projektleiter auf Managerebene durchbricht die 100 000er Marke an Jahresgehalt, und jeder Vice President darf sich mindestens über das Doppelte, eher das Dreifache freuen. In der Gesellschaftsform einer Partnerschaft kommen die Anteile am Unternehmenserfolg hinzu, sodass hier tatsächlich große Summen locken können – allerdings nur für wenige. Denn das Pyramidenmodell sorgt dafür, dass eine breite Basis zum Einkommen einiger weniger beiträgt. Dass nicht alle in den Olymp der hohen Hierarchiestufen aufsteigen, ist einerseits den Mechanismen des Aussortierens geschuldet, andererseits aber auch der Tatsache, dass das Weiterkommen zum Teil reine Glückssache ist: Wer nicht zur richtigen Zeit das richtige Projekt verkauft, wird es schwer haben, eine Beförderung zu begründen. Eher wird er sich nach Optionen außerhalb der Beratung umsehen.

In einem solchen Fall schlägt sich die Beratungserfahrung in der Regel positiv nieder, hat man sich doch unter Druck und in einem anspruchsvollen Umfeld bewiesen. Das rechtfertigt den Zugang zum Top Management auf Vorstandsebene und im Umfeld strategischer Projekte. Dennoch, man bleibt angestellt und damit darauf angewiesen, seine Arbeitszeit zu verkaufen. In gewisser Hinsicht wie unser Friseur: er kann sich zwar als Nobelfriseur für betuchte Kunden profilieren, aber mehr als einen Kopf gleichzeitig wird er nie schneiden können. Im Idealfall reduziert er seine Tätigkeit auf die flüchtige Endkontrolle des Werkes seiner Adepten und konzentriert sich ansonsten auf den Small Talk und die Kontaktpflege mit den Kunden, aber trotzdem ist der Skalierbarkeit seines Arbeitsertrages eine Grenze gesetzt. Die sagenhaften 10 Millionen Dollar pro Tag eines Hedgefonds-Managers wird auch ein Udo Walz niemals erreichen können.

Wer also mit dem Ziel des sorgenlosen Wohlstandes in

die Unternehmensberatung aufbricht, dem sei ein hanseatisches Sprichwort ans Herz gelegt: »Arbeit nährt den Mann, Handel macht reich« – deswegen lohnt wahrscheinlich eher die Fokussierung auf ein eigenes Unternehmen. Wen es aber um jeden Preis auf den Chefsessel eines Beratungsunternehmens drängt, dem seien einige Regeln ans Herz gelegt:

Die zehn goldenen Regeln, es weit zu bringen

Auch in der Beraterbranche gibt es eine Handvoll Regeln, die Sie unbedingt beachten sollten. Sie können das Geheimnis Ihres Erfolges werden. Lernen Sie sie auswendig, laden Sie ein Tool herunter, das Ihnen diese Regeln automatisch einmal am Tag per E-Mail schickt, oder lassen Sie sie als Laufschrift in Ihrer Statusleiste anzeigen.

Regel Nr. 1: Sie sind Experte!

Beim ersten Mal mag die Situation Sie schockieren: Ihr Projektleiter stellt Sie, ohne mit der Wimper zu zucken, dem Kunden als Experte vor. Erinnern Sie sich an den beschriebenen Fall des frisch gebackenen Logistikexperten, und beherzigen Sie den Rat aus Douglas Adams' »Per Anhalter durch die Galaxis«: Keine Panik! Zuerst einmal tief durchatmen. Dann bauen Sie Ihr Selbstbewusstsein auf: Sie haben es bis hierher geschafft. In die Wirtschaftselite. Andere halten Sie für clever, Sie haben überdurchschnittliche Leistungen gezeigt. Also: Sie können was. Zweiter Atemzug: Alle anderen »Experten« kochen auch nur mit Wasser. Experte sein heißt, sich mit etwas beschäftigen und viel darüber wissen. Da Ihnen offensichtlich die Einarbeitung in neue Materie nicht schwerfällt, können Sie jetzt frisch ans Werk gehen. Vielleicht sind Sie im Moment der Vorstellung noch kein Experte, aber nehmen Sie sich vor, spätestens zum Projektende (besser allerdings schon zum ersten Präsentationstermin) einer zu sein.

Regel Nr. 2: Machen Sie keine Arbeit selbst!

Wenn Sie Regel Nr. 1 beherzigen, tritt der unangenehme Nebeneffekt auf, dass der Aufbau des Expertentums viel Arbeit erzeugt. Wissensansammlung ist mit Recherche und Auswertung verbunden. Sichern Sie sich frühzeitig einen Nimbus von Wichtigkeit, indem Sie für Ihre Arbeit Unterstützung anfordern! Recherchieren kann jeder Praktikant, insofern lassen Sie sich einen Praktikanten zuweisen. Gerade im späteren Projektalltag trennt sich die Spreu derer, die gewissenhaft alle Aufgaben selbst erledigen, von denjenigen, die geschickt delegieren. Wobei die Letzteren an allen Fronten gewinnen: sie erhalten die verantwortungsvolleren Positionen (die übrigens auch besser bezahlt sind), weil sie stolz die Kopfzahl der befehligten Truppen vorweisen können, und gleichzeitig sind sie vor dem Eingeständnis eigener Fehler und Unzulänglichkeiten weitgehend sicher. Die Arbeit haben schließlich andere gemacht, also gehen auch die Fehler auf deren Konto. Solange niemand darauf besteht, dass der Führungsverantwortliche auch die Verantwortung für die nachgelagerten Entscheidungen übernimmt, funktioniert dieses Modell reibungslos – und wie selten das passiert, kann man bei jedem kleineren und größeren Politikskandal erleben. Bevor Minister zurücktreten, versuchen sie sich dadurch zu retten, zuerst Bauernopfer zu bringen. Und denken Sie daran: Reich wird nur, wer andere für sich arbeiten lässt.

Verabschieden Sie sich deswegen unbedingt vom eigenen Anspruch, die übertragenen Aufgaben möglichst gut zu erledigen: statt eigenen Perfektionismus sollten Sie lie-

ber frühzeitig üben, andere für den eigenen Vorteil einzusetzen. Das Ziel ist, möglichst schnell aus der Masse der
Anfänger herauszustechen und nach oben zu kommen.
Warum? Wenn Sie erst einmal als gutes Arbeitstier identi-
fiziert werden, werden Ihre Vorgesetzten Sie niemals freiwillig befördern – sie nähmen sich dann ja das beste Pferd
im Stall. Wer sich aber frühzeitig aus der tatsächlichen
Leistungserbringung zurückzieht und andere anleitet, genießt doppelte Zuwendung: vom Vorgesetzten, der eine
drastische Zunahme an Leistungsfähigkeit vermerken
wird (kein Wunder, wenn Sie ein Team von mehreren Leu-
ten an Ihren Themen arbeiten lassen), und von den jungen, aufstrebenden Talenten, denen Sie durch Ihr Feedback die Gelegenheit geben, sich zu beweisen und besser
zu werden. Es mag auf den ersten Blick schizophren klingen, aber: Sie werden hoch geachtet sein.

Regel Nr. 3: Schmücken Sie sich mit fremden Federn

Die logische Konsequenz aus Regel Nr. 2 lautet allerdings:
Wenn jemand für Sie arbeitet, dann sichern Sie sich trotzdem die Position als Verkäufer seiner Leistung. Sie tun das
nicht zu Unrecht, schließlich haben Sie ja den Auftrag
gegeben. Werden Sie noch besser, und zeichnen Sie auch
da verantwortlich, wo Sie noch nicht einmal den Auftrag
gegeben haben: Ein gutes Argument kann sein, dass eine
erbrachte Leistung sowieso in Ihren Aufgabenbereich fällt.

Bernd (46) ist Vice President für die Chemiebranche in
einer internationalen Unternehmensberatung. Beim Bewerbungsgespräch hat er einen Kandidaten interviewt,
der als Diplomarbeit eine Umfrage über Organisations-
formen in internationalen Konzernen durchgeführt hat.
Bernd wittert sofort eine Chance, bietet sich als Mentor
des Bewerbers an und stellt sicher, dass dieser sein Interes-

sengebiet unter den eigenen Fittichen weiter entfaltet – und eine Neuauflage seiner Umfrage als offizielle Publikation der Beratung entwickelt. Da dafür noch einmal 50 Vorstände großer Konzerne interviewt werden sollen, sieht Bernd das großartige Potenzial direkten Zugangs zur Chefetage der einzelnen Unternehmen und damit einen hervorragenden Einstieg in die Kaltakquise[29]. Bernd stellt natürlich sicher, dass sein Aspirant jedes Mal persönlich von ihm begleitet wird.

Fortgeschrittene Geister können in dieser Disziplin ausgesprochen kreativ und ideenreich werden. Investieren Sie Ihre Energie dort, wo sie sich verzehnfacht: indem Sie anderen Leistungsträgern unterstützend so weit zur Hand gehen, dass Sie anschließend das Ergebnis ebenso für sich beanspruchen können.

Regel Nr. 4: Jeder ist ersetzbar – außer Sie selbst

Berater predigen Professionalität und exerzieren sie auch selbst. Dazu gehört das garantierte Versprechen, bei Ausfall eines Mitarbeiters die Übergabe von Aufgaben und Wissen so perfekt zu organisieren, dass sofort ein adäquater Ersatz präsentiert werden kann. In der Praxis stößt diese Maxime zwar an Grenzen, aber alle Beteiligten tun ihr Möglichstes, um dies zu vermeiden. Vor dem Nachweis der Ersetzbarkeit haben alle Angst, denn sie entzieht letztendlich dem eigenen Arbeitsplatz die Legitimation. Vor dem inneren Ohr erklingt die Stimme der Personalabteilung: »Wenn es ein anderer, womöglich Anspruchsloserer, auch kann, warum bezahlen wir Sie dann eigentlich so üppig?« – einer der Gründe, weshalb der durchschnittliche Krankenstand bei Unternehmensberatern auf einem erstaunlich niedrigen Niveau liegt.

Um dieser Angst entgegenzuwirken und der Personalabteilung den Wind aus den Segeln zu nehmen, hilft es, sich beizeiten unersetzbar zu verankern. Hier kommt die Stärke der IT-Profis voll zum Tragen: Wer Spezialistenwissen um technische Infrastruktur auf einem Projekt oder im eigenen Unternehmen angesammelt hat, ist auf dem besten Wege, unersetzbar zu werden. Aber auch für die Kollegen aus der Strategiefraktion gibt es Möglichkeiten – durch ein exponiertes Prestigeprojekt oder einfach die unverzichtbar aufmerksame Art, wie Sie Ihrem Chef den Koffer hinterhertragen. Sichern Sie damit Ihre eigene Position, aber scheuen Sie sich nicht, allen anderen um Sie herum Ihre Ersetzbarkeit gelegentlich deutlich zu machen.

Regel Nr. 5: Zuhören, zuhören, zuhören

Eigentlich eine der banalsten Regeln, die aber am häufigsten missachtet wird. Als Berater sollten Sie im Grunde Weltmeister im Zuhören sein – immerhin gründet Ihr Selbstverständnis darauf, dass Sie selbst nichts wissen, sondern lediglich das Wissen anderer anders – besser – analysieren, strukturieren und bewerten können. Leider eröffnet sich hier oft eine unglückliche Verlockung, doch zuerst auf die eigenen Überzeugungen zurückzugreifen, statt sich mühsam auf andere einzulassen. Zweifellos hat es Vorteile, wenn man andere nicht zu braucht: Sie kennen sich selbst und Ihre Wissensbasis gut genug, um schnell und effizient Ergebnisse zu produzieren.

Halten Sie trotzdem kurz inne, und nehmen Sie sich die Zeit, einmal die anderen sprechen zu lassen – sie vermeiden so, Dinge zu tun, von denen sich hinterher herausstellt, dass sie eigentlich gar nicht gefragt waren. Denken Sie daran, dass sich nicht alle Menschen so präzise und sicher ausdrücken können, wie Sie es als Berater gewohnt sind – haben Sie also Nachsicht mit den Normalsterblichen, und nehmen Sie sich zurück. Sie werden mit zwei einzigartigen Nebeneffekten belohnt: Die meisten Menschen genießen es geradezu, wenn eine andere Person ihnen ihre ungeteilte Aufmerksamkeit widmet. Manche zahlen Unmengen Geld dafür oder lassen sich diese Aufmerksamkeit in Psychotherapieprogrammen von ihrer Krankenkassen sponsern – insofern spielen Sie die kleine Rolle des professionellen Zuhörers und geben Sie Ihrem Kunden etwas menschliche Wärme und Zuwendung. Er wird Ihnen dankbar Ihre Tagessätze zahlen.

Der zweite Nebeneffekt ist sogar noch angenehmer: Wer nicht selbst redet, macht keine Fehler. Lernen Sie, zuzuhören und Ihrem Gegenüber zu helfen, seine eigenen Gedanken zu entwickeln. Meist wird Ihr Kunde eine größere Erfahrung in seinem Bereich haben als Sie selbst. Profitieren Sie davon, und verschenken Sie dieses Potenzial nicht leichtfertig.

Miriam (27) soll als Senior Beraterin ein Projekt zur Verbesserung der Produktionsprozesse bei einem Automobilkonzern leiten. Es gibt ein Prozessmodell, das von einer Zentralabteilung entwickelt wurde. Die Mitarbeiter an den Produktionsstandorten lehnen es allerdings ab – überwiegend deswegen, weil es »von denen aus der Zentrale« kommt. Miriam nimmt sich Zeit, mit den besonders kritischen Mitarbeitern zu reden – in Interviews, in der Kaffeeküche, beim Mittagessen –, und befragt sie, was es in ihren Augen zu verbessern gäbe. Mit einigen wenigen Folien stellt sie dar, wie viele der genannten Punkte im vorliegenden Modell realisiert werden können. Das Murren ist seither merklich leiser geworden und wird von einem »Na ja, vielleicht hilft's ja« flankiert.

Regel Nr. 6: Fragen stellen

Die begleitende Regel zu Regel Nr. 5: Um zu verhindern, dass Sie als stummer Fisch am Tische sitzen und einfach darauf warten, dass es aus Ihrem Gegenüber heraussprudelt, sollten Sie frühzeitig an der Klaviatur Ihrer Fragetechnik arbeiten. Dass es sogenannte offene Fragen gibt (»Wie?«, »Warum?«) und diese im Gegensatz zu den geschlossenen, die nur eine Ja/Nein-Antwort erfordern, wesentlich mehr dialogische Durchschlagskraft entfalten, haben Sie hoffentlich bereits während Ihres Studiums gelernt. Ansonsten empfiehlt sich die Lektüre von Paul Watzlawick oder die Beschäftigung mit NLP. Locken Sie Ihr Gegenüber aus der Reserve! Vertiefen Sie die Erkenntnis aus Regel Nr. 5: In den meisten Fällen existiert die Lösung der Probleme bereits im Kopf Ihres Gegenübers. Alleine wenn Sie es schaffen, die Gedanken Ihres Kunden als exzellente Einfälle darzustellen, sollten Sie in seinen Augen bereits Ihren Tagessatz wert sein.

Lernen Sie, echte Wissenslücken zu kaschieren, wenn Sie einmal mehr als Experte für ein Thema platziert wurden, von dem Sie keine Ahnung haben, indem Sie Ihre Fragen in Rückversicherungen kleiden: »Habe ich das richtig verstanden, dass …« oder »Es gibt zu dieser Problematik ja verschiedene Auffassungen – welche Aspekte meinen Sie jetzt konkret damit?« Wenn Sie anfangen, sich mit diesem Thema zu beschäftigen, nähern Sie sich allerdings mehr und mehr den Changees an, indem Sie Ihre Coaching-Kompetenz ausbauen. Sie werden dann schnell dazu kommen, Entscheidungen nicht mehr durch sachlich-fachliche Analysen vorzubereiten, sondern befähigen Ihr Gegenüber, sich in seinem eigenen Optionendschungel so weit zu orientieren, dass er selbst die für ihn beste Lösung erkennt.

Regel Nr. 7: Aus dem Schussfeld bleiben!

Damit wären wir schon bei der nächsten Regel: Entscheiden Sie nie selbst! Entscheidungen bergen unkalkulierbare Gefahren, da sie die Tendenz haben, sich zu einem späteren Zeitpunkt womöglich als falsch herauszustellen. Beschränken Sie sich darauf, Fakten auf den Tisch zu legen und Optionen darzulegen. Lassen Sie über unterschiedliche Wahlmöglichkeiten im Team abstimmen – Sie werden dankbare Reaktionen ernten, weil Sie die Projektmitarbeiter einbinden. Gleichzeitig können Sie sich immer darauf berufen, dass Sie lediglich eine Moderationsrolle gespielt haben. Moderationstechniken, in denen die Gruppe mehrere Optionen mit Punkten bewertet und jeder Teilnehmer einmal fünf, einmal drei und einmal einen Punkt für seine drei Top-Favoriten vergibt, gewährleisten, dass alle sich mit dem Thema auseinandersetzen und die Entscheidung hinterher als Gruppenentscheidung in die Annalen der Projektdokumentation eingeht. Sie punkten einmal mehr durch die methodische Moderationskompetenz und sind gleichzeitig vor späteren Vorwürfen gefeit.

Nehmen Sie es gelassen, wenn Sie als kleines Rädchen anfangen. Bemühen Sie sich um die Stelle als Wasserträger Ihres Chefs! Stellen Sie sich gut mit ihm – erstens sind Sie dann näher dran, und die größte Chance, den Dolch durch die Toga zu rammen, hat Brutus, der direkt dahinter steht. Melden Sie sich also freiwillig für interne Projekte, bieten Sie Ihrem Projektleiter an, die Meetings zu organisieren, und manipulieren Sie dabei geschickt die Agenda so, dass Ihre Themen möglichst prominent dastehen. Andere werden schnell merken, wer die tatsächliche Arbeit macht. Setzen Sie dazu entsprechend den Regeln 2 und 3 Ihr Team ein, und sorgen Sie dafür, dass Sie als der entscheidende Leistungsträger wahrgenommen werden.

Regel Nr. 8: Machen Sie sich klar: Sie schaffen Mehrwert!

Wenn Sie auf Ihre Gehaltsabrechnung schauen (oder, noch besser, auf die Abrechnung, die Ihre Kunden erhalten), dann lassen Sie sich nie von Zweifeln beschleichen, ob Ihr Entgelt gerechtfertigt ist. Fangen Sie nie an, nachzurechnen, wie viele Brötchen ein Bäcker verkaufen muss, damit er eine Stunde Ihrer Arbeitszeit bezahlen kann – vor allem dann nicht, wenn ein Großbäcker Ihr Kunde ist. Auch wenn Ihre letzte Stunde darin bestand, auf Facebook die letzten Statusmeldungen Ihres sozialen Netzwerks zu überprüfen, glauben Sie daran: Sie sind Ihr Geld wert! Bedenken Sie, dass die Bedeutung einer Idee nicht linear am Zeitaufwand gemessen werden kann und ein einziger Einfall womöglich mehr Geld spart, als Ihr gesamtes Beratungsprojekt an Kosten verschlingt. Beziehen Sie, wenn Sie schon auf diesen unheilvollen Pfad eingeschwenkt sind, wenigstens das ruhige Gewissen Ihrer Auftraggeber in Ihre Rechnung mit ein, die Aufgaben in kompetente Hände übergeben zu haben, und bewerten Sie diese Sorgenfreiheit astronomisch hoch. Sie werden ein zufriedeneres Leben führen und dem Verkäufer der Straßenzeitung, der mit Hartz IV mühsam über die Runden kommt, ein mildes Lächeln schenken. Ihr Beruf ist es, Menschen glücklich zu machen, und für dieses Glück sind vor allem Angestellte im mittleren und oberen Management bereit, Unsummen ihres Arbeitgebers unbekümmert auszugeben.

Sie ölen die Maschine, die unser westliches Wohlstandsgefüge am Laufen hält und die vulgo Kapitalismus genannt wird. Ohne Menschen wie Sie gäbe es weniger Umstrukturierungen und Entlassungen, bekämen weniger Menschen den Anstoß, sich persönlich zu verändern und sich einem neuen Aufgabengebiet zuzuwenden, ohne Ihre klaren Darstellungen von Kostenvorteilen der Produktion im Ausland wären weite Landstriche in Vietnam, Rumänien und Staaten Südamerikas noch immer nicht mit den Segnungen neuer Chemie- und Automobilfabriken mit geringeren Umweltstandards und niedrigeren Löhnen in Berührung gekommen. Und Ihre Nachbarn hätten weniger Gelegenheit, bei Tchibo und Mediamarkt auf Schnäppchenjagd zu gehen, weil elektronische Konsumgüter immer billiger werden und gleichzeitig trotz Wirtschaftskrise immer noch genug im Portemonnaie verbleibt, um alle drei Jahre einen neuen Fernseher zu kaufen.

Lassen Sie sich nie auf die Seite der Zyniker ziehen, die Ihnen einreden, Sie könnten Ihr gewaltiges Potenzial auch dafür einsetzen, die wahren Probleme der Welt zu lösen: Zugang zu sauberem Trinkwasser, das Energieproblem oder schlicht die Verringerung des Hungers und eine gleichmäßigere Verteilung von Nahrungs- und Produktionsmitteln. Immerhin ist dafür noch genug Zeit, wenn Sie Ihre Schäfchen ins Trockene gebracht haben. Auch der große Philanthrop George Soros hat sich erst zu ebendiesem entwickelt, nachdem er lange Jahre im Casino des Turbokapitalismus gezockt und dabei gegen Staaten wie Großbritannien Währungswetten abgeschlossen hatte – und dies so gewinnbringend, dass er sich auf seine alten Tage im Licht des großen Wohltäters sonnen kann.

Gutmenschentum kommt später – einstweilen können Sie ja immerhin darauf achten, bei Ihrer Flugbuchung gleich die Klimagebühr zu entrichten, deren Erstattung Ihnen weder Ihr Arbeitgeber noch der Kunde guten Gewissens wird in Abrede stellen können, es sei denn, er käme aus der Automobilindustrie oder der Energiewirtschaft und hielte den gesamten Klimawandel sowieso für eine ganz normale Schwankung planetarischer Entwicklung.

Regel Nr. 9: Information is your business!

Es kommt nicht von ungefähr, dass sich ein Großteil der Beratungsprojekte um das Thema Informationstechnologie dreht. Schon die Urahnen wie McKinsey und Andersen haben Ihren Auftraggebern Transparenz versprochen – was nicht mehr heißt als vollständige Information über alle Zusammenhänge. Als handverlesenes Mitglied in diesem Club ist Ihr Positionsvorteil der Informationsvorsprung, den Sie haben. Das muss nicht notwendigerweise eine Art von Fachkompetenz sein, sondern kann sich auch simplerweise darauf erstrecken, zu wissen, welchen Hobbys die Vorstandsmitglieder frönen und mit wem Sie im Fahrstuhl ein Gespräch über Michael Schuhmachers Comeback führen oder lieber die letzte Operninszenierung thematisieren.

Passen Sie sich an! Sie haben die ideale Ausgangsposition, den ganzen Tag am Informationsnabel des weltweiten Netzwerks zu sitzen. Googeln Sie Ihre Gesprächspartner, Ihre Kunden, Ihre Bewerber. Sehen Sie das als Training – je mehr Sie über Ihr Gegenüber wissen, umso mehr Eindruck machen Sie (übertreiben Sie es aber nicht, sonst wirkt das auf Ihren Gesprächspartner befremdlich).

Stellen Sie fest, wer in Ihrem Team die ausgeprägtesten »Skills« für Recherche und Informationsbeschaffung hat. Wer hat sich schon am ersten Tag um eine Taxitelefonnummer gekümmert? Wer hat bereits herausgefunden, welche Bars an Ihrem Projektstandort empfehlenswert sind, wie weit der Weg dorthin ist, wann sie geöffnet haben und wie viel dort ein White Russian kostet? Diese Mitarbeiter sind Ihre Allzweckwaffen im Kampf um Kompetenzen, denn die Chancen stehen gut, dass Sie sich mit ihrer Hilfe schnell in jedes beliebige Fachthema einarbeiten können.

Selbstredend, dass Sie in kein Meeting mit einem Kunden gehen, ohne vorher wenigstens einen Blick in den letzten Geschäftsbericht seines Unternehmens geworfen zu haben. Noch besser: Beherzigen Sie die vorangegangenen Regeln, und lassen Sie sich auf dem Weg zu dem Meeting von einem jungen, aufstrebenden Praktikanten briefen, der Ihnen auch gerne noch erzählt, er habe herausgefunden, dass die Wirtschaftsprüfer Ihres Untersuchungsobjektes gleichzeitig die anderen fünf Branchengrößen testieren. Seien Sie immer besser vorbereitet als Ihr Gegenüber.

Regel Nr. 10: Den Chef absägen
Wahrscheinlich haben Sie sich schon oft gefragt, was eigentlich denjenigen auszeichnet, in dessen Namen Sie beim Kunden auflaufen, der über Ihre Karriere entscheidet und der Ihnen ansonsten nicht wirklich viel voraus zu haben scheint – Ihr Chef. Die frechste Antwort im Bewerbungsgespräch auf die Frage, warum man sich um den Job bewerbe, nämlich: »Weil ich Ihre Position haben will«, trifft hier ins Mark: Chef werden anstelle des Chefs, um es mit der Comicfigur Isnogud auszudrücken, ist ein ausgesprochen starker Motivator, um es weit zu bringen. Warum nicht gezielt die Schwachpunkte suchen und sich unersetzbar machen? Beherzigen Sie Regel Nr. 9: Was wissen Sie über Ihren Chef? Welche Leichen hat er im Keller?

Beratung ist keine Wohlfühlveranstaltung, in der alle an das große Gute glauben und im Lotussitz gemeinsam Erleuchtung suchen. Spätestens im Umgang mit den Kunden werden Sie schnell merken, dass Loyalität in Unternehmen meist asymmetrisch verteilt ist: von den Mitarbeitern wird sie grenzenlos eingefordert, aber vom Unternehmen in Konfliktsituationen nur ungern gewährt. Wenn Ihr Chef Sie auffordert, die Flitterwochen oder den geplanten Urlaub zu verschieben, weil sich gerade ein wichtiges Projekt anbahnt, bei dem auf Ihre Kompetenz keinesfalls verzichtet werden kann, dann rufen Sie sich das »Jeder ist ersetzbar«-Mantra in Erinnerung, und fragen Sie sich, warum dieser Satz offensichtlich nicht in allen Situationen zu gelten scheint.

Klassifizieren Sie Ihren Chef anhand des folgenden Tests »Wie berater bin ich?«, und ziehen Sie die Konsequenzen: Sollte er nicht in die Kategorie »Fachexperte« fallen, gibt es mit an Sicherheit grenzender Wahrscheinlichkeit eine Möglichkeit, ihn rechts zu überholen. Betrachten Sie es als Spiel: Ihr Chef hat Sie in sein Umfeld geholt, weil er glaubt, in einer bestimmten Situation von Ihrer Kompetenz, von Ihrem Einsatz profitieren zu können. Profitieren Sie von seinen Schwächen. Üben Sie für den Umgang mit Konzernleitern – das Hauen und Stechen auf den Vorstandsetagen geschieht mit weit härteren Bandagen, als Sie es sich in Ihren wildesten Träumen ausmalen können.

Suchen Sie die richtige Gelegenheit zum Überholen – oder gleich zum Absprung! Das kann eine Nische in Form eines kleinen, unscheinbaren Projektes mit Wachstumspotenzial sein, das sich aber unversehens zu einem globalen 20-Berater-Projekt auswächst. Oder es wird das Projektengagement, in dem Sie der Hauptansprechpartner des Kunden sind – und damit den Grundstein für eine Bindung an Ihre Person legen. In Zukunft wird kein Weg mehr an Ihnen vorbeiführen. Und falls es Sie gleich auf einen eigenen Chefsessel drängt: Noch immer ist Beratung »Nasengeschäft« – und wenn ein Kunde partout Ihre Person kaufen will, dann wird es ihm egal sein, ob Sie noch bei Ihrem bisherigen Arbeitgeber unter Vertrag sind oder auf eigene Rechnung arbeiten. Eine gute persönliche Kundenbindung ist daher das beste Potenzial für die Selbstständigkeit – zumindest solange Sie vorhaben, weiterhin als Berater tätig zu sein.

Der Psychotest: Wie berater bin ich?

In der Unternehmensberatung treffen sich ähnlich strukturierte Persönlichkeiten. Durch ausgefeilte Auswahlprozesse wird schon bei jungen Neuzugängen versucht, eine gewisse Nonkonformität von vornherein auszuschließen – denn der neue Mitarbeiter soll ja auf die firmeneigene Wertewelt eingeschworen werden. Wer sich dennoch eigene Ecken und Kanten erlaubt, wird bald erleben, dass die Erfahrung in der Beratung seine Persönlichkeit verändert. Man muss nicht gleich das Bild vom rund geschliffenen Stein bemühen, aber bestimmte Beratertypen treten mit einer gewissen Häufigkeit auf. Hier können Sie selbst herausfinden, welche Typologie auf Sie selbst am besten zutrifft.

Zu jeder der folgenden Situationen stehen vier mögliche Antworten zur Auswahl. Jede Antwort beinhaltet eine charakteristische Verhaltensweise. Addieren Sie Ihre Punkte, und stellen Sie fest, welcher Beratertyp Sie sind.

→ **Wenn Sie Berater kennen:**
Versetzen Sie sich in Ihre Bekannten oder Freunde aus dem Beratungsumfeld. Überlegen Sie, wie diese die folgenden Fragen beantworten würden. Eventuell wird Ihnen der ein oder andere Wesenszug dann besser verständlich.

Situation 1:

Sie stehen vor einem Vorstand und sollen ihm etwas über Business Process Outsourcing erzählen. Das Problem ist nur, dass Sie den Begriff zwar schon einmal gehört oder gelesen, aber absolut keine Ahnung haben, was sich dahinter verbirgt. Wie reagieren Sie?

Das kann mir nicht passieren. Ich weiß genau, was Business Process Outsourcing ist. Aber wie spreche ich mit einem Vorstand? (C)

Da Business Process Outsourcing eines meiner Lieblingsthemen ist (wie eigentlich fast alle Themen), halte ich aus dem Stegreif einen umfangreichen Vortrag, in dem ich auf die extensive Projekterfahrung aus mehreren Dutzend Beratungsprojekten eingehe, und lade ihn ein, verschiedene BPO-Center von Referenzkunden der Unternehmensberatung anzusehen. Währenddessen überlege ich krampfhaft, wie ich das Projekt, das ich unweigerlich in Folge meines Vortrages verkaufen könnte, mit einer eigenen Beratertruppe bedienen kann, damit ich endlich von meinem Chef unabhängig werde. (D)

Ich stimme ihm zu, dass das Thema hochaktuell ist und dass ich dazu gerne einen Kontakt zu einem Experten meines Beratungsteams herstellen würde, um mit ihm zusammen die Details und Möglichkeiten vorzustellen. Dann frage ich den Vorstand nach seinem Golfhandicap und dem letzten Urlaub auf den Malediven. (A)

Mir reicht es, den Begriff Business Process Outsourcing buchstabieren zu können, um darüber einen anderthalbstündigen Vortrag zu halten. Der Vorstand wird mir anschließend ein Projekt über anderthalb Millionen Euro abkaufen, in dem die Vorteile des Business Process Outsourcings für sein Unternehmen evaluiert werden. (B)

Situation 2:

Sie leiten ein größeres Projekt bei einem Kunden in Zürich. Für den Tag vor der Lenkungsausschuss-Sitzung ist ein Meeting anberaumt, bei dem die bisherigen Ergebnisse des Projektes dargestellt werden sollen. Wie läuft das Meeting ab?

Statt wie avisiert um 15:00 Uhr komme ich leider erst um 21:00 Uhr an, weil mich diverse Telefonkonferenzen und zwei unerwartete Geschwindigkeitskontrollen auf dem Weg von München nach Zürich aufgehalten haben. Bei meiner Ankunft verlange ich von meinem Projektteam sofort, sich zum Meeting zu versammeln, brauche allerdings noch bis 22:30 Uhr, um die bis dahin auf der Mailbox aufgelaufenen Telefonanrufe abzuarbeiten. Als ich endlich im Meetingraum auf mein hungriges Team treffe, beschäftige ich mich überwiegend mit den 35 Mails, die in der letzten halben Stunde auf meinem Blackberry eingetrudelt sind. Um 23:45 Uhr bitte ich das Team, die wesentlichen Punkte in kondensierter Form auf fünfzehn Slides zusammenzufassen und mir am nächsten Morgen um 8:00 Uhr zum Review vorzulegen – rechtzeitig vor Beginn der Lenkungsausschuss-Sitzung um 9:00 Uhr. Leider schaffe ich es am nächsten Tag nicht, vor 8:55 Uhr beim Kunden zu sein, weshalb ich die Präsentation ungesehen abhalte. Als der erste Punkt auf der Leinwand erscheint, den ich nicht vollständig erklären kann, lächle ich einen Moment hilflos, um dann das zuständige Teammitglied hereinzuzitieren und es vor dem versammelten Lenkungsausschuss auf seine Unzulänglichkeiten hinzuweisen. Dem Vorstand verspreche ich zur Beschwichtigung, 20 Beratertage nicht zu berechnen. (A)

Selbstverständlich komme ich pünktlich. Das Vorbereitungstreffen ist innerhalb von 15 Minuten erledigt, da ich die Slides bereits vorab erhalten und unterwegs durchgesehen habe, während mich meine persönliche Assistentin zum Termin gefahren hat. (D)

Ich komme erst um 22:00 Uhr an, als das gesamte Team bereits zum Abendessen aufgebrochen ist. Das macht mir aber nichts aus, da ich die Unterlage sowieso für sekundär halte – den Lenkungsausschuss wickle ich auch so um den Finger, selbst wenn ich nur ein Daumenkino auf Chinesisch zur Verfügung hätte. (B)

Ich bin mein eigenes Team. Selbstverständlich weiß ich exakt, wo das Projekt steht und was die nächsten Schritte sind. Leider weiß ich auch um die vielen Detailprobleme. Die Vorbereitung ist daher schnell erledigt, allerdings muss ich noch meinen Rechner optimieren, weil ich das Gefühl habe, dass er seit zwei Tagen anderthalb Sekunden länger zum Starten braucht. Nach anderthalb Stunden geht die Sitzung des Lenkungsausschusses ergebnislos zu Ende, weil ich mit meinen Ausführungen zum ersten Punkt noch nicht einmal zur Hälfte durch bin. Der Kunde denkt trotzdem, dass das Projekt bei mir in guten Händen ist und gibt sich angesichts meiner wortreich ausgeführten Kompetenz geschlagen. (C)

Situation 3:

Sie sind Vice President einer großen Unternehmensberatung und leiten eine eigene Abteilung. Einer Ihrer Mitarbeiter hat sich auf Projekten überdurchschnittlich bewährt, allerdings niemals unter Ihrer Führung. Sein Mentor schlägt ihn bereits zum zweiten Mal für eine Beförderung vor, nachdem er das letzte Mal vom Management-Gremium nicht berücksichtigt wurde. Wie verhalten Sie sich?

Ich nehme das zur Kenntnis, sehe allerdings erst einmal

zu, dass meine eigenen Mentees hinreichend Beachtung finden. Sollte der Mitarbeiter wieder nicht befördert werden, schicke ich seinen aktuellen Projektleiter vor, ihm diese Entscheidung zu verkaufen. Wenn er mich dann persönlich anruft, tue ich beschäftigt, nehme nicht ab und lasse ihn auf die Mailbox sprechen. (A)

Ich überprüfe die Leistungen des Mitarbeiters gegebenenfalls durch ein persönliches Gespräch und mache mir ein eigenes Bild. (D)

Bei mir wird immer jeder befördert. Und wenn nicht, dann ist es seine Schuld. (B)

Was für Mitarbeiter? Was für Beförderungen? (C)

Situation 4:
Sie treffen abends in einer Bar nicht ganz ungeplant, aber dennoch anscheinend zufällig den Manager eines internationalen Stahlkonzerns. Wie schaffen Sie es noch an diesem Abend, ein Beratungsprojekt zu verkaufen?

Ich nähere mich demütig, setze mich neben ihn an die Bar und spreche ihn auf den servierten Rotwein an, obwohl ich keine Ahnung von Rotwein habe. Im zweiten Satz frage ich nach seinem beruflichen Hintergrund und tue überrascht, ziehe eine Visitenkarte hervor und frage ihn, bei welchem Projekt mein Beratungsunternehmen helfen kann. (A)

Den kenne ich schon länger. Wir haben uns schon mal in der Lufthansa-First-Class-Lounge gesehen, als er gerade aus der Toilette kam, in die ich mit der Servicekraft verschwunden bin. (B)

Ich frage ihn direkt, ob ihm der Aufstieg seiner indischen Wettbewerber zu schaffen macht oder ob er an der Unfähigkeit seiner Mitarbeiter leidet, weil er alleine an der Bar trinkt. (D)

Nach dem vierten Single Malt haben wir Bruderschaft getrunken, unsere gemeinsame Affinität zu Elefantenpolo entdeckt und ich ihm fünf Tipps gegeben, wie sein Computer mit Windows 7 noch schneller startet. Dabei habe ich ihm allerdings klargemacht, dass sein Firmennetzwerk gravierende Sicherheitsmängel aufweist. (C)

Situation 5:
Einer Ihrer Kollegen hat gute Kontakte zur chemischen Industrie und ist dabei, ein großes Projekt zu verkaufen. Wie sichern Sie sich Ihren Anteil?

Ich habe keine Kollegen. Leider auch keine Kontakte zur chemischen Industrie. Dafür kann ich gut programmieren. (C)

Es gibt keinen Kollegen, der bessere Kontakte hätte als ich. Wenn einer das behauptet, dann zeige ich ihm mal, wie man Projekte wirklich verkauft. (B)

Ich lasse den Kollegen bis kurz vor Vertragsunterzeichnung verhandeln. Dann mache ich ihm klar, dass nur mein Team das Projekt wirklich delivern kann, weil seine Mitarbeiter erstens keine Ahnung vom Thema haben und sein Team zweitens schon diverse Projekte an die Wand gefahren hat. (A)

Ich gehe auf meinen Kollegen zu und biete ihm die Unterstützung meines Teams an. Sofern er darauf zurückkommt, einige ich mich mit ihm über unseren jeweiligen Anteil am Erfolg. (D)

Auflösung
Zählen Sie die Gesamtanzahl der A-, B-, C- und D-Punkte zusammen. Die Punkte entsprechen vier Quadranten einer Matrix entlang den Dimensionen Fachkompetenz – Selbstüberzeugung:

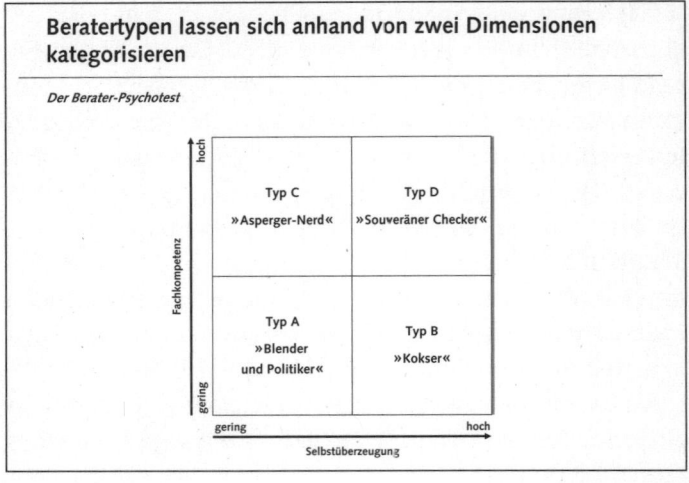

Beratertypen lassen sich anhand von zwei Dimensionen kategorisieren

Der Berater-Psychotest

Typ C
»Asperger-Nerd«

Typ D
»Souveräner Checker«

Typ A
»Blender und Politiker«

Typ B
»Kokser«

hoch

Fachkompetenz

gering

gering   hoch

Selbstüberzeugung

Als **Typ A** haben Sie eine glänzende Beraterkarriere vor sich: Sie konzentrieren sich darauf, möglichst wenig selbst zu tun, stattdessen lassen Sie Ihre Truppen für sich arbeiten. Sie pflegen ein gehöriges Maß an Arroganz und gleichen Ihre Angst vor dem Kunden und Ihre mangelnde Kompetenz dadurch aus, dass Sie sich auf andere berufen. Sie investieren genügend Zeit in den Aufbau Ihres eigenen Netzwerkes und den Ausbau Ihrer Machtposition. Die Tatsache, dass Sie dem Kunden jeden Wunsch erfüllen, trägt dazu bei, dass Sie sicher bald entscheidende Verkaufserfolge erzielen werden. Wenn Ihre Beratungsfirma dadurch an Profil verliert, weil nicht mehr erkennbar ist, worin eigentlich Ihr Mehrwert besteht, dann halten Sie sich vor Augen, dass zumindest Ihr Kunde mit Ihnen glücklich ist.

Sie suchen sich Ihre Zielgruppe im mittleren Management von Unternehmen, denn dort bedeutet die Verfügung über Projektbudgets und -mitarbeiter Macht. Hier finden Sie ein dankbares Publikum für Ihre Projektvorschläge, und dem Argument nach einer Erweiterung des Projektrahmens und einem notwendigen Folgeprojekt wird bereitwillig Gehör geschenkt. Wenn Ihnen Ihre Mitarbeiter frustriert weglaufen, dann trösten Sie sich: Erstens sind diese per se undankbar für die wertvolle Ausbildung, die sie bei Ihnen genossen haben. Und außerdem ist Beratung von jeher ein Durchlauferhitzer, dem nicht jeder auf Dauer gewachsen ist. Ihr größtes Kapital besteht aus Mitarbeitern vom Typ C: Diese werden bereitwillig auch 23 Stunden pro Tag für Sie arbeiten, wenn Sie ihnen nur eine Nuss hinwerfen, die nicht leicht zu knacken ist.

Als **Typ B** teilen Sie mit Typ A die notwendige Einbindung anderer. Allerdings hilft Ihnen Ihr Ego, das Spiel der Kunden kristallklar zu durchschauen: Auch die haben keine Ahnung. Befreit von jedweden Skrupeln schaffen Sie es, sich endlich auch den angenehmeren Seiten des Lebens zu widmen. Abends fallen Sie in ein vorgewärmtes Bett, in dem Sie an Ihrem Projektort regelmäßig eine andere Gespielin finden. Präsentationen bereiten Sie kaum noch vor, weil Sie sogar nachts im Schlaf PowerPoint-Karaoke präsentieren können. Ihre Mitarbeiter sehen bewundernd zu Ihnen auf und hätten auch gerne einen Maserati Quattroporte als Dienstwagen.

Kommen Sie etwa aus der Werbebranche? Wenn nicht, sind Sie wahrscheinlich schon einige Jahre als Partner oder Vice President in der Beratung und haben sich so eingerichtet, dass ein gesunder Stamm von Mitarbeitern mit Karrierehoffnung Sie durch Ihre Marge füttert.

Als **Typ C** kämpfen Sie wahrscheinlich mit einer milden Form von Autismus. Ihre kommunikative Kompetenz ist schwach ausgeprägt, Ihre Empathie so gut wie gar nicht vorhanden: Da Sie sich in andere schlecht hineinversetzen können und Ihnen der Weg der Mitteilung über Gefühle versperrt ist, bleiben Ihre Mitmenschen für Sie ein Buch mit sieben Siegeln. Das muss nicht unbedingt ein Problem sein, da Sie in Ihrer Welt nicht nur glänzend alleine zurechtkommen, sondern durch ausgeprägte Kenntnisse sogar zu wahren Meisterleistungen befähigt sind, angesichts derer viele vor Neid erblassen.

Computer kennen Sie in- und auswendig, und wenn Sie Langeweile haben, dann lösen Sie schon mal ein Sudoku im Kopf oder beschäftigen sich mit Fermats Letztem Satz. Durch Ihre Fähigkeit, einen Virenscanner zu aktualisieren, eine Firewall zu konfigurieren und die Blockade von Chatprogrammen in Firmennetzwerken zu umgehen, sind Sie schnell bei allen Kollegen beliebt und unentbehrlich, wenn auch als etwas verschroben angesehen.

Falls Sie nicht bereits in der IT-Beratung arbeiten, dann wäre eine Stelle als Software- oder Businessarchitekt für Sie genau das Richtige: komplexe Informationen verknüpfen, den Überblick behalten und bei allen Fragestellungen sofort wahre Inhalte von bloßer Heißluft unterscheiden zu können, das ist Ihr ideales Spielfeld. Dadurch ist Typ A allerdings Ihr größter Gegenpol und wahrscheinlich auch Ihr Chef: Einerseits verachten Sie Ihn dafür, dass er keine Ahnung hat, wovon er spricht. Andererseits sind Sie froh, dass er Ihnen die lästigen Meetings vom Hals hält, in denen so angsteinflößend viele fremde Menschen sitzen.

Typ D ist ein seltenes Gewächs in der Unternehmensberatung. Sie haben nicht nur Ahnung, wovon Sie sprechen, sondern tun dies auch im vollen Bewusstsein, was Ihre Kunden wirklich davon haben. Das gibt Ihnen die Freiheit, sich dort zu engagieren, wo Sie wirklich einen Mehrwert leisten können. Sofern Sie tatsächlich in der Beratung tätig sind, bewegen Sie sich wahrscheinlich in einer

Nische wie Mittelstandsberatung, Entwicklungshilfe oder PR für Politiker – oder Sie arbeiten für eine NGO.

Sie können es sich leisten, Ihren Überzeugungen zu folgen, weil Sie wissen, dass diese auf einem soliden Fundament fußen. Da Sie oft genug die Erfahrung gemacht haben, dass andere Ihnen für Ihre Kompetenz viel Geld zahlen, sind Sie unabhängig genug, um nicht mehr der Droge der Selbstbestätigung durch Erfolg verfallen zu sein, und leisten es sich durchaus, einmal Nein zu sagen und Projekte abzulehnen. Der Respekt gegenüber Ihren Mitarbeitern beruht auf Gegenseitigkeit, allerdings sind Ihre Ansprüche auch knallhart. Wer bei Ihnen versucht, mangelnde Kompetenz mit Jovialität zu übertünchen, hat seinen Abschiedsbrief schon in der Inbox, bevor er seinen Computer aus dem Standby geholt hat.

Wahrscheinlich haben Sie in der Beratung Ihre Bestimmung gefunden, und Ihre Aufgabe besteht nur darin, den sinnvollen Ausgleich zwischen beruflicher Herausforderung und privatem Leben zu finden.

Das Exit-Szenario

Dass Unternehmensberater ihre Probleme mit ihrem Beruf so selten zum Thema machen, liegt nach allgemeinem Dafürhalten schlichtweg an der mangelnden Zeit. Mit Arbeitstagen, die morgens um 8 Uhr beginnen (oder, bei toleranten Kunden, um 9) und selten vor 21 Uhr enden, bleibt einfach wenig Raum für die Beschäftigung mit Sinnfragen. Der Job nimmt einen Großteil der Lebenszeit in Anspruch und sorgt zumindest für Ablenkung. Nicht nur während der Büropräsenz, auch abends und am Wochenende ist man damit konfrontiert, sich mit ständig neuen Themenfeldern auseinanderzusetzen oder schlicht die restliche Lebenslogistik zu organisieren: neben Hemdenreinigen, Einkaufen, Kofferein- und -auspacken gibt es einige Dinge, die sich auch an eine/n noch so kompetente/n Putzfrau oder Butler nicht auslagern lassen – das Privatleben zum Beispiel, also Freunde und die eigene Beziehung.

Trotzdem bleiben immer wieder Verschnaufpausen, in denen man sich in einem fremden Hotelzimmer oder an einem Gepäckband wiederfindet und sich plötzlich bei der Frage ertappt, in welcher Stadt man sich gerade aufhält oder ob man die Inhalte des Projektes, auf dem man gerade arbeitet, für das eigene Leben tatsächlich als relevant erachtet. Gewiefte Kollegen schaffen es, die Annehmlichkeiten des Beraterlebens (ein hinlänglich gutes Gehalt, eine herausfordernde Arbeit, gute Aufstiegschancen) den Nachteilen gegenüber (lange Abwesenheit von zu Hause, Projekte, die nur aus politischen Gründen vorangetrieben werden und keine inhaltliche Relevanz haben, enorme Reisezeit, wenig Spielraum für Hobbys) positiv aufzurechnen und die Tätigkeit als »Brot- und Butter-Job« zu verbuchen. Diese Kollegen erreichen tatsächlich irgendwann das oft angestrebte Ziel einer positiven Work-Life-Balance. Aber schließlich soll es auch Prostituierte geben, die ihrem Beruf wirklich aus Spaß am Sex nachgehen. Zumindest neigen Männer dazu, das zu glauben. Die Mehrheit aber wird wahrscheinlich – sofern nicht unter Zwang gesetzt – die Tätigkeit ebenso als eine temporäre Phase empfinden, um schnell zu Geld für ein späteres besseres Leben zu kommen: für sich, für die Angehörigen oder die eigenen Kinder.

Wenn Sie zu den Geschöpfen gehören, die an ihre Tätigkeit einen höheren Anspruch richten, nämlich den, Erfüllung zu erfahren, dann haben Sie womöglich einen schweren Stand in dieser Branche – zu groß ist die Gefahr, den eigenen Beitrag nicht als wirklich wichtig zu erachten. Dies ist jedoch kein Wunder in einer Berufssparte, die den Leitsatz »Jeder ist ersetzbar« sogar zum Marketingargument für die eigene Professionalität erhoben hat. Die Reduktion des Einzelnen auf das geforderte Funktionieren scheint im Widerspruch zur propagierten Individualität der »kreativen Querdenker« (Recruiting-Jargon) zu stehen. Sollten Sie nach Ihrem Lebensglück in einem anspruchsvollen Beruf suchen, droht Ihnen als Unternehmensberater die Gefahr, dass Sie zum Zyniker werden und Ihre Tätigkeit plötzlich als hohl und leer empfinden. Ihre Kollegen könnten Ihnen wie Zombies erscheinen, die ferngesteuert ihren Alltag absolvieren. Sie fangen an, die eigene Arbeit nicht mehr ernst zu nehmen und werden deswegen früher oder später auf eine Sinnkrise zusteuern. Für diesen Fall gibt es zwei Strategien:

Niemand muss sein Leben lang Unternehmensberater bleiben. Die meisten treten sogar mit dem festen Vorsatz an, nach einigen Jahren Beratung etwas anderes zu machen. Die Erfahrungen, die man in dieser Zeit sammelt, können zum einen vielfältige Anregungen und Orientierung bieten, zum anderen lassen sich auch wertvolle Kontakte knüpfen – zuallererst mit Kollegen, mit denen man sich auf den Projekten austauschen kann. Darüber hinaus bietet der Verdienst als Unternehmensberater immerhin die Möglichkeit, einiges an Kapital anzusparen, um Bewegungsfreiheit für die eigenen Pläne zu haben. Für den eigentlichen Wandel bieten sich im Wesentlichen zwei große Optionen an: die Selbstständigkeit oder der Wechsel in die Industrie.

Matthias (51) hat nach insgesamt sieben Jahren in der Entwicklungshilfeberatung und nach vier Jahren in einer Beratung für Organisationsentwicklung den Sprung in die Selbstständigkeit gewagt und bietet seine Dienste nun als Coach an. Außerdem bildet er selbst Coaches nach seiner Methode aus und vermittelt sie an Interessenten – vornehmlich Kontakte, die er in seinen vorherigen Positionen geknüpft hat. Als Angestellter konnte er seine eigene Methode und seinen eigenen Stil entwickeln – und feststellen, welches Gewicht dem persönlichen Auftreten zukommt: Selbst nach seiner Trennung von Beratungsunternehmen wird speziell er als Coach und Berater angefragt, zumal bei der Begleitung von Organisations- und Persönlichkeitsentwicklung Vertrauen ein Schlüsselkriterium ist.

Andreas (34) hat nach sechs Jahren in der IT-nahen Beratung im Sektor Telekommunikation eine Stelle als Vorstandsassistent angenommen. Nach zwei Jahren leitet er heute einen eigenen Geschäftsbereich des Unternehmens als CEO. Durch seine Branchenkenntnis aus verschiedenen Projekten konnte er sich überzeugend präsentieren – zumal er den Vorstand auf seinem letzten Beratungsprojekt selbst kennengelernt hat. Beim Übergang in die Leitungsfunktion kam ihm seine Branchenkenntnis und Stressfestigkeit zugute, die ihn gegenüber Kollegen, die bisher nur das eigene Unternehmen kennengelernt haben und in Routine versunken sind, auszeichnen.

Ihre Optionen sind in etwa mit dem horizontalen Gewerbe vergleichbar: Werden Sie Puffmutter – oder treiben Sie sich so lange als »Pretty Woman« auf dem Hollywood Boulevard der Großkonzerne herum, bis ein reicher Richard-Gere-Vorstandsvorsitzender Sie in sein Vorzimmer verpflichtet und dann feststellt, dass er auf Ihre Dienste nicht mehr verzichten möchte. Denken Sie dann aber daran, dass diese Art von Märchenprinz selten in Bahnhofsnähe zu finden ist, und wählen Sie Ihren Kundenkreis deshalb mit Bedacht. Halten Sie sich von Wohnwägen an Autobahnraststätten fern, und konzentrieren Sie sich auf die Hochglanzlobbys der Luxushotels, wenn Sie in die Arme eines vermögenden Investors sinken möchten, der Ihr Potenzial erkennt und bereit ist, es angemessen zu fördern.

Der Absprung in die Vorstandsetagen der deutschen Wirtschaftselite steht natürlich eher denen offen, die sowieso täglich auf diesen Fluren verkehren. Eine Karriere bei McKinsey oder Roland Berger mündet deswegen nicht selten im Topmanagement von Deutscher Post, Telekom oder vergleichbaren Unternehmen, auch wenn sich manche Branchen wie zum Beispiel die Automobilindustrie gegenüber dem Beratereintritt in der Chefetage erstaunlich resistent zeigen und immer noch hauseigene Gewächse vorziehen. Wem die höheren Weihen des täglichen Umgangs mit Vorständen verwehrt sind, der kann sich entweder auf seiner Ebene in das mittlere Management orientieren – oder sich eben selbstständig machen.

Zur Selbstständigkeit muss allerdings Folgendes gesagt werden: Obwohl sich unter Unternehmensberatern häufig überdurchschnittlich intelligente, durchaus unternehmerisch denkende Charaktere finden, die Konzepte und Ideen schnell durchdringen und weiterdenken können, sind die meisten doch risikoavers – sonst wären sie wahrscheinlich längst Unternehmer. Die sichere Insel eines Arbeitgebers zu verlassen, bedeutet daher eine erhebliche Veränderung der eigenen Lebenssituation: den Umgang mit Unsicherheit und das Vertrauen in die eigenen Kräfte. Innerhalb der großen »Familie« einer Unternehmensberatung, mehr noch auf den einzelnen Projekten, erweist sich das »Jeder ist ersetzbar« auch als Versprechen auf Rückhalt – denn es gibt zwar immer einen, der die eigene Aufgabe übernehmen könnte, der deswegen im Notfall aber potenziell auch helfen könnte – ganz abgesehen davon, dass schlichtweg regelmäßige Geldeingänge auf dem Konto zu verzeichnen sind.

Mitunter finden aus- und altgediente Unternehmensberater ihre Erfüllung auch als Palmenzüchter, in der eigenen Schreinerei, oder sie starten eine zweite Karriere als Balletttänzer. Vielleicht träumen sie lange davon, nach einer gewissen Zeit die eigenen Schäfchen ins Trockene gebracht zu haben, um sich dann die Rock'n'Roll-Gitarre umschnallen zu können und ein wildes Leben in Freiheit zu führen. Aber Achtung, hier lauert die Falle des Selbstbetrugs: Jünger wird niemand, und Generationen von jugendlichen Barden von Jim Morrison bis Thomas D. haben die Botschaft »Mach Dein Ding« nicht nur oft genug vorgesungen, sondern auch bereits in jungen Jahren vorgelebt. Ein Schritt, der den Beratercharakteren zweifellos schwerfällt oder gar unvorstellbar erscheint: kein Teamleiter, Boss oder Kunde, der zufrieden die eigene Leistung lobt und damit das Ego füttert. Stattdessen etwas zu verfolgen, das nur einen selbst erfüllt, bedeutet, sich von der Beurteilung anderer unabhängig zu machen und auch auf die eigenen Fähigkeiten zu vertrauen, den Lebensunterhalt erwirtschaften zu können.

Gerade die Lücke zwischen dem Erhalt des letzten monatlichen Gehaltsschecks und dem ersten erfolgreichen Verkauf der eigenen Ölbilder bei einer renommierten Galerie erscheint so mancher Beraternatur zu unkalkulierbar, zu groß. Zu viele Unsicherheitsfaktoren tun sich darin auf – allen voran die Frage: Ist es richtig, was ich da tue? Wird es sich auszahlen? Der Glaube an sich selbst ersetzt das Beraterbusiness durch die Zuverlässigkeit der (halb-)jährlichen Reviews und Gespräche. Wenn dieses Schulterklopfen auf einmal fehlt und in Phasen des Zweifels die Motivation selbst aufgebracht werden muss, trauern viele der einstigen Sicherheit hinterher. Oft scheitert der Traum vom freien Schaffen aber noch nicht einmal an der Frage, wie die Zeit der Unsicherheit überbrückt werden kann, sondern schlicht und einfach daran, dass nach langen Jahren im Beraterzirkus alle anderen Aktivitäten so vernachlässigt wurden, dass sie einem gar nicht mehr bewusst sind.

→ **Wenn Sie Ex-Berater kennen:**
Vielleicht läuft Ihnen jemand über den Weg, der den Absprung aus der Unternehmensberatung geschafft hat – oder sich zumindest aus den Fängen einer großen Beratung befreit hat und jetzt unter eigener Flagge segelt. Selbst wenn Sie den Eindruck haben, dass er jetzt materiell schlechter gestellt sei als vorher, rechnen Sie ihm seinen Mut an – immerhin hat er eine glanzvolle Zeit in der Beraterblase hinter sich gelassen und sich auf die eigenen Füße getraut. Auch wenn die Beratung für die weitere Karriere Anknüpfungspunkte in Form von Kontakten etc. bietet, so bedeutet dieser Schritt doch eine erhebliche Veränderung. Sogar »nur« der Wechsel auf einen vermeintlich sicheren Posten in der Führungsetage eines internationalen Großkonzerns erfordert ein Zurückschrauben der Ansprüche an das Umfeld: von hochfliegender Beraterprofessionalität stürzt man schnell in die Tiefen alltäglicher Konzernroutine. Unter Um-

ständen kann Ihr Bekannter so manche interessante »war story« zum Besten geben. Vielleicht trauert er ja auch seinem wilden Reiseleben hinterher – und entschädigt sich jetzt dafür durch trockene Schäfchen im Stiftungsvermögen in Liechtenstein. Fragen Sie ihn doch einmal danach!

Die Rückbesinnung

Wer nicht gleich über eine passende Alternative zur Beratungstätigkeit nachdenken möchte, kann sich immerhin darauf rückbesinnen: Auch als Berater leistet man einen wichtigen Beitrag, der Teil des ökonomischen Kreislaufs ist. Jemand braucht Ihre Leistung, und man kann sich dafür durchaus anstrengen: Reflektieren Sie von Zeit zu Zeit Ihre Einstellungen und Ihre Tätigkeit. Treten Sie einen Schritt zurück, und überlegen Sie, was tatsächlich gerade für ein Spiel läuft und wie Ihre Rolle darin aussieht (siehe Kapitel Werte).

Es gibt durchaus Gestaltungsspielraum in der Art, wie man sich selbst einbringt. Die Fremdsteuerung ist nicht so groß, wie man manchmal annehmen möchte, und wie es nach der Lektüre bis hierhin erscheinen mag. Im Gegenteil, gerade im Umgang mit den Kollegen, mit den Counterparts beim Kunden lassen sich bewusst Akzente setzen. Man wird es Ihnen danken – Ihre Kunden, weil sie sich ernst genommen fühlen und Ihr Engagement bemerken werden. Ihre Kollegen ebenso – vor allem die jüngeren unter ihnen werden jede Minute, die Sie sich Zeit nehmen, besonders wertschätzen.

Unternehmensberater spielen eine nicht unwesentliche Rolle. Die mag manchmal nur darin bestehen, Ressourcenengpässe zu überbrücken – dann gibt es eben niemanden, der die Aufgabe so zügig, kompetent und effizient erledigen könnte. Sie bieten eine Schlüsselfähigkeit, nämlich die schnelle Auffassungsgabe, die Fähigkeit, sich auf Neues einzustellen, eine aufgeschlossene Einstellung gegenüber allen Fragestellungen – und nicht zuletzt die kommunikativen Fähigkeiten, sich mit anderen auszutauschen, sie rhetorisch zu führen und zu präsentieren. Als Berater können Sie bereits mit diesen wenigen Eigenschaften wuchern: Werden Sie besser darin! Beobachten Sie Ihre Kunden und Kollegen, wenn Sie mit ihnen sprechen – und versuchen Sie Ihre Wirkung abzuschätzen. Wo gibt es positive Signale? Sie werden schnell merken, welche Ihrer Kompetenzen tatsächlich geschätzt werden und wo der Satz »Jeder ist ersetzbar« an seine Grenzen stößt.

Wenn Sie Ihre Aufgabe als Kommunikator verstehen, als Vermittler zwischen unterschiedlichen Welten, dann ist das durchaus eine Herausforderung, an der man wachsen kann – denn sie schließt ein, das Gegenüber ernst zu nehmen. Hinter die Fassade von Zahlen, Beförderungen und Small Talk zu blicken und ein echtes Kooperationsverhältnis aufzubauen, erfordert ein Herabsteigen vom hohen Ross der Besserwisserei und ein Sich-Einlassen auf das Gegenüber.

Zugegeben, nicht alle Berater arbeiten in einem Umfeld, das ihnen eine solche Entfaltung erlaubt – sofern lediglich das Abarbeiten von operativen Aufgaben gefordert wird, die Aufnahme von Prozessen oder die Spezifikation eines Systems, kann es schwerfallen, darin eine menschliche Komponente zu entdecken. Aber auch dann beeinflussen Sie mindestens die Menschen um sich herum – und letztendlich muss am Schluss jemand diese Prozesse leben, Tag für Tag. Denken Sie daran, was mit Ihren Ergebnissen passieren könnte. Oder Sie stellen womöglich fest, dass Ihnen eigentlich die ingenieurhafte Verbesserung von Dingen Spaß macht – dann lassen Sie diesen Spaß wieder zu. Und falls Sie plötzlich merken, dass Sie ein Problem damit haben, Menschen nach ihrem Nutzen zu bewerten und sie wegzurationalisieren, dann zögern Sie nicht und ziehen die Konsequenz – womöglich mit dem Exit-Szenario.

Horst (35) stellt fest, dass er immer häufiger schlecht gelaunt ist. Er wacht morgens bereits mit Magenschmerzen auf und fragt sich oft, was er auf seinem Beratungsprojekt eigentlich macht. Er war in vielen Restrukturierungsprojekten beschäftigt, in denen Anteilseigner die Profitabilität erhöhen wollen – und deswegen alle Bereiche radikal auf ihre Wertschöpfung hin untersuchen. Er weiß, dass nach einem solchen Projekt ein Großteil der Leute, mit denen er zusammenarbeitet, entlassen wird. Eine Weile hat ihm selbst diese Aufgabe Spaß gemacht, denn er konnte das Optimierungspotenzial dahinter sehen. Doch je länger er solche Aufgaben wahrnimmt, umso stärker spürt er den Druck, der auf ihm lastet. Als erste Maßnahme hat er mit seiner Frau nach Projektende eine ausgedehnte Urlaubsreise unternommen. Doch als sich danach sofort wieder das Gefühl einstellte, wieder im Hamsterrad zu landen, hat er angefangen, ernsthaft darüber nachzudenken, was er stattdessen machen könnte.

Sebastian (39), Principal bei einer Beratung, hat sich mit der Projektarbeit arrangiert. Er schätzt seine Mitarbeiter wegen ihres Talents und ihrer Schnelligkeit und verbringt viel Zeit damit, junge Kollegen auf seinen Projekten auszubilden, indem er sie sorgfältig instruiert und genaues Feedback gibt. Durch seine Arbeit als Projektleiter hat er sich den Freiraum erkämpft, nicht jeden Tag die volle Zeit beim Kunden verbringen zu müssen, und seine

Präsenz auf die wichtigen Meetings beschränkt. Abends fährt er öfter nach Hause zu seiner Frau und seinen beiden Kindern. Zu den Highlights, auf die er sich immer wieder freut, gehören ausgerechnet die Sitzungen und Präsentationen auf oberer Managementebene. Er betrachtet den Ausgleich der Interessen als Spiel, das er mit seiner Moderationsfähigkeit durchaus auch steuern kann. Ihn treibt der Wunsch an, in komplexen Fragestellungen ein genaues Verständnis der Situation zu erzielen, um eine Lösung zu finden, an die er auch glaubt – und den Kunden dann von dieser Lösung zu überzeugen.

Burn-out: Quick help

Oft sind Unternehmensberater noch gar nicht so weit, dass sie unbedingt aus dem Beratungsalltag ausscheiden wollen – aber sie merken allmählich, wie der Beruf sie verändert. Freunde beklagen sich über ihre Ungeduld, man stellt plötzlich fest, dass man schneller läuft als die meisten anderen Menschen auf der Straße (weshalb man sich manchmal eine laute Hupe wünscht – am besten mit ohrenbetäubendem Löwengebrüll). Selbst kleinste Anzeichen mangelnder Perfektion lassen den Blutdruck ansteigen und rufen den Wunsch hervor, die Situation sofort zu verbessern: wenn die Kassiererin im Supermarkt ihre Handgriffe nicht effizient genug beherrscht, wenn man auf Auskünfte warten oder Bestellvorgänge im Lokal mehrfach wiederholen muss. In diesem Fall droht eine massive Persönlichkeitsveränderung – und wenn diese erstmals wahrgenommen wird, dann sind Sinnkrise und Burn-out nicht mehr weit.

Erste Hilfe: Runterkommen! Die Beschäftigung mit Dingen, die nicht nach Effizienzkriterien optimiert werden können, kann sehr hilfreich sein. Ein Bild malen! Sich um soziale Kontakte kümmern – zum Beispiel in ein Altersheim gehen und sich mit alten Menschen unterhalten. Musik hören. Mit einem Hund spazieren gehen, ohne zu überlegen, ob dieser jetzt wohl gerade effizient sein Stöckchen holt ... Am besten beginnt man damit erst einmal am Wochenende. Nehmen Sie sich nichts vor, ziehen Sie sich zurück! Gehen Sie mal wieder in eine Kirche oder einen anderen Raum der Stille, der Ihrer Weltanschauung entspricht! Zur Not hilft auch einfach mal ein Tag im Bett – und dabei iPhone, Notebook, Handy oder sonstige Kommunikationssklaven links liegen zu lassen. Einzige Ausnahme: ein Buch lesen, das man sich schon lange vorgenommen hat. Kein Fachbuch natürlich, sondern eines, das in andere Welten entführt.

Regelmäßiges, wenn auch nur kurzes Meditieren kann eine Hilfe sein. Es geht im Leben nicht darum, die doppelte Strecke in der halben Zeit zurückzulegen – sondern das Glück im Erleben des Augenblicks zu finden. Lassen Sie Ihren Gefühlen Raum – sie sind der Wegweiser aus dem Optimierungswahn. Freundschaften, Zuneigung, Zufriedenheit, Traurigkeit kann man auch mit noch so perfekten Vorgehensmodellen nicht optimieren. Wenn Sie merken, dass Ihr Nervenkostüm dünner wird: Gönnen Sie sich eine längere Auszeit, sprechen Sie mit Ihrem Chef darüber – aber überlegen Sie sich vorher, wie Sie diese füllen wollen. Setzen Sie sich keine Ziele, die Sie als Projekt aufziehen – und wenn Sie sich dabei ertappen, wie Sie darüber nachdenken, in ein Kloster zu gehen, und Ihnen dabei als Erstes eine Zielformulierung einfällt (»Ich will nach zwei Wochen wieder auf dem Damm sein«), dann verwerfen Sie dieses Ziel. Konzentrieren Sie sich auf die

Tätigkeit, die direkt vor Ihnen liegt, und freuen Sie sich darauf: In den klassischen Karate-Filmen muss der junge Schüler zuerst fegen, bevor er ein Meister werden kann.

Manche Unternehmensberatungen ermöglichen ihren Mitarbeitern sogenannte »Sabbaticals« oder »Time outs«, Phasen, in denen ein Bruchteil des Gehalts weitergezahlt und eine Rückkehr in die Berufswelt garantiert wird. Solche Phasen eignen sich nicht nur optimal für die ersten Lebensmonate des Nachwuchses, sondern auch, um einmal den Trip auf den K2 oder nach Patagonien zu unternehmen, mit der für die Karriere längst überfälligen Promotion zu beginnen oder einfach die Seele baumeln zu lassen. Wie gesagt: die Pause bloß nicht als »zusätzliches Projekt« sehen, sondern die freie Zeit einfach genießen. Alles kann, nichts muss, wie es in anderen Kreisen heißt.

Daniel (32), hat nach drei Jahren in der Strategieberatung die Notbremse gezogen: Nach einem sehr stressigen Projekt mit zahllosen durchgearbeiteten Nächten hat er die Weihnachtspause um drei Monate Time out verlängert und sich erst einmal auf eine Fernreise nach Südostasien begeben. Dort angekommen, merkt er, dass sich seine Rast- und Ruhelosigkeit keineswegs bessert, sondern dass er vom »Solo-Travellerdasein« genauso gestresst ist wie vorher von seinem beruflichen Umfeld. Folgerichtig bricht er die Reise nach etwas mehr als einer Woche ab – was ihm nicht wehtut, da er Flug und Hotel bis dahin mit seinen Bonusmeilen finanziert hat. Wieder zu Hause, widmet er sich erst einmal den eigenen vier Wänden und räumt gründlich auf. Den Gedanken, umzuziehen, verwirft er zwar, fängt aber nach einigen Wochen an, wieder andere Seiten an sich zu entdecken. Bei einem Wochenend-Workshop nimmt er zum ersten Mal seit Jahren wieder Schlagzeugstöcke in die Hand und findet kurz darauf eine Band, in der er als Drummer aushilft. Das Leben rockt wieder!

Das Stichwort der Entschleunigung verhilft mit fast 80 000 Google-Treffern zu einer unüberschaubaren Vielfalt an weiterführender Literatur – und Wikipedia wartet sogar mit einem eigenen Eintrag zu diesem Thema auf. Wichtigstes Merkmal: Keiner ist allein, sondern fast alle Menschen mit vergleichbarer Profession kommen irgendwann an diesen Punkt. Die Ratgeber in den Buchhandlungen sind Legion – von Dale Carnegie bis Eckart von Hirschhausen. Und natürlich wären Unternehmensberater nicht sie selbst, wenn nicht auch das Projekt der Selbstfindung möglichst effizient angegangen würde. Schwierig genug, davon Abstand zu nehmen: Einmal genau das nicht versuchen – etwas zu optimieren. Sondern im Gegensatz: Dinge sein lassen.

Wenn man das eine Zeit lang versucht, wird man irgendwann den Alltag auf Projekten nicht mehr so wichtig nehmen. Vielleicht führt das in den Augen der Kollegen zur Diskreditierung, vielleicht wird es auch dem Ansehen beim Vorgesetzten und dem Tempo der Karriere schaden – aber Sie bleiben wenigstens gesund. Und haben Spaß am Leben – und dafür ist Ihnen der Neid der Umstehenden gewiss. Schließlich trägt es nicht unwesentlich zum Coolness-Faktor bei, abends um acht, wenn die Mitarbeiter des Kunden schon nach Hause gegangen sind, im Büro der Berater die Yogamatte auszupacken und eine halbe Stunde die Asanas Kranich, Krähe und Hund zu üben. Natürlich im Anzug mit gelockerter Krawatte. Sie werden fürderhin womöglich als etwas kauzig gelten – aber schließlich hat jede Persönlichkeit ihre Ecken und Kanten und wirkt genau dadurch interessant.

Den Freundeskreis managen: Bin mal kurz weg

Die zweitgrößte Herausforderung, mit der Unternehmens-berater nach einigen Jahren zu kämpfen haben, ist ihr Freundeskreis und das soziale Leben. Der Lebenszyklus des modernen Nomaden lässt mit seinem Wochenrhythmus vom montäglichen Aufbruch bis zur Rückkehr am Freitagabend samstags und sonntags neben den logistischen Aufgaben (Steuererklärung, Einkauf, Hausbau) nur wenig Zeit für soziale Aktivitäten. Der Partner wird einen Teil für sich einfordern, demzufolge bleiben noch zwei Strategien, mit Freunden und sozialen Netzen umzugehen:

Die Verlagerung ins professionelle Umfeld

Kollegen zu Freunden machen: Diese Strategie hat erhebliche Vorteile, denn der private Austausch kann parallel zum Projektleben erfolgen, außerdem bieten sich bei gemeinsamen Aufgaben und Abendessen ausreichend Gelegenheiten, sich gegenseitig gut kennenzulernen. Auf der anderen Seite ist der Einfluss auf die Auswahl der Freunde dementsprechend gering – und dank der eng definierten Profilanforderungen der Recruiting-Prozesse kann man davon ausgehen, überwiegend Typen wie sich selbst zu treffen. Das mag in vieler Hinsicht angenehm sein, kann aber nach gewisser Zeit auch recht einseitig werden.

Kai-Uwe hat mit 42 Jahren endlich die Lösung für seine Work-Life-Balance gefunden: Da er als Vice President einer Unternehmensberatung für die Kontakte in die Chemie- und Pharmabranche zuständig ist, hat er sich beim Ansprechpartner seines besten Kunden nach einem Golf-club erkundigt. Der Empfehlung ist er gleich gefolgt – mit Kind und Kegel, indem er sich nicht allzu weit entfernt in einem großzügigen Einfamilienhäuschen niedergelassen hat. Da er sich vorab darüber informiert hat, dass ein Großteil des Managements seines Kunden in diesem Golfclub verkehrt, hat er langfristig seine sozialen Kontakte und sein berufliches Umfeld derart in Deckung gebracht, dass er mittlerweile schon darüber nachdenkt, die wochenendlichen Runden auf dem Grün als Arbeitszeit geltend zu machen. Auf jeden Fall ist seine Hemmschwelle gesunken, sich an schönen Nachmittagen für eine kurze Partie zu verabschieden. Er weiß ja, dass sich spätestens im Clubhaus die Gespräche wieder ums Geschäft drehen werden.

Die Gefahr der Überlagerung von Berufs- und Freundeskreis ist offensichtlich: Wer sich privat nahekommt, kann berufliche Konflikte, zum Beispiel im Wettbewerb um die Beförderung, nur selten unbeschadet durchstehen. Gegenüber anderen, die privat nicht so eng verbunden sind, kann es zu Voreingenommenheit führen. Gerade in Bewertungssituationen oder angesichts von Kritik und Schuldzuweisungen kommen private Seilschaften dem professionellen Geschäft schnell in die Quere. Andererseits werden an der Bierbar abends gerne auch Strategien gesponnen, die gemeinsame Karrieren fördern – und ein informelles Netzwerk im eigenen Unternehmen hilft gegebenenfalls als Frühwarnsystem angesichts drohender Veränderungen: Wer abends beim Rotwein einen Hinweis bekommt, dass die eigene Leistung in den oberen Etagen skeptisch beurteilt wird, hat noch eine Chance, dagegen zu agieren.

Wie viel vom Kollegen als Freund bleibt, zeigt sich am deutlichsten erst, nachdem einer von beiden sich persönlich verändert: das Unternehmen verlassen hat, weggezogen ist oder einfach in eine andere Abteilung oder ein anderes Projekt versetzt wurde. Schön, wenn sich dann noch Gemeinsamkeiten finden und beispielsweise der jährliche gemeinsame Segelurlaub gepflegt wird. Aber man darf sich nicht wundern, wenn diese Art von Beziehung ebenso schnell einschläft, wie sie aufgebaut wurde. Das verbindende Element ist schließlich weggefallen.

Die Konzentration auf wenige gute Freunde

Bereits nach kurzer Zeit im Beraterzirkus lässt sich feststellen, wer aus dem eigenen Umfeld bereit ist, sich mit gelegentlichen Meldungen per E-Mail, SMS oder Telefon genauso abzufinden wie mit wochen- oder monatelangen Phasen des Nichtsehens. Die Zeiten studentischen gemeinsamen Abhängens sind definitiv vorbei. Die Gelegenheiten, spontan Dinge zu unternehmen, werden plötzlich knapp. Vielleicht stellt man fest, dass sich einige Freundschaften wandeln: Zu manchen wird ein so guter Kontakt erhalten, dass man Ihnen selbst nach monate- oder jahrelanger kommunikativer Abstinenz noch aufgeschlossen und freundlich begegnet. Bei anderen wird der Kontakt schlicht einschlafen. Vielleicht erinnern Sie sich auch gelegentlich an einen alten Kontakt und ernten beim Versuch der erneuten Kontaktaufnahme Erstaunen, dass es Sie noch gibt, oder sogar Verärgerung darüber, dass Sie in der Versenkung verschwunden sind.

Auf jeden Fall empfiehlt sich die Integration von Geburtstagskalendern und wichtigen Daten in die formale Planung des Arbeitsumfeldes, zum Beispiel in Form wiederkehrender Termine in Outlook. Wenn dieser Kalender dann noch mit dem Handy oder BlackBerry synchronisiert wird, könnte man zumindest einem Mindestmaß an Kontaktpflege nachkommen: Lassen Sie sich an Geburtstage und wichtige Termine erinnern, und schicken Sie von unterwegs einen kurzen Gruß – zur Not per SMS.

Noch schwieriger als der Erhalt des Status quo wird die Eroberung eines neuen Umfeldes. Wer zeitgleich mit dem Berufseinstieg an einen neuen Ort gezogen ist, und das womöglich als Single, wird sich in der Regel mit einer zähen Integrationsphase anfreunden müssen. Am Wochenende finden nicht allzu viele Aktivitäten statt, mit denen Sie ein stabiles Netz vor Ort aufbauen könnten: Chorproben, Trainingszeiten und Stammtische liegen oft an Abenden in der Woche. Im Zweifelsfall empfiehlt sich hier die deutsche Vereinsmeierei (siehe Hobbys für Vice Presidents: Segeln) oder die Verlegung des Kontaktnetzes auf die virtuelle Ebene, um lokal unabhängig zu werden: Viele Community-Websites sind genau zu diesem Ziel gegründet worden, um eine virtuelle Plattform für Verabredungen zu gemeinsamen Treffen und Austausch zu bieten. Positiver Nebeneffekt: Diese Art der Kontaktpflege lässt sich auch gut mit der Arbeit verbinden (siehe Arbeitsalltag/Idle time).

Tobias (27) hat mit dem Berufseinstieg bei einer Unternehmensberatung seinen Wohnsitz in eine mitteldeutsche Großstadt verlagert. Da er von Anfang an von Montag bis Donnerstag auf Projekten ist, hat er sich den Freitagabend mit Trainingsterminen bei einer Freizeit-Volleyballgruppe angefüllt, anschließend geht er zum XING-Stammtisch in seiner neuen Heimatstadt. Da er es auch nach mehreren Anläufen nicht geschafft hat, Samstagsaktivitäten und die notwendigen Einkäufe miteinander in Einklang zu bringen, spielt er an Samstagabenden öfter das »Ich bin Tourist in meiner Stadt«-Spiel und begibt sich gezielt zu den Punkten, an denen auch alleinreisende Besucher aufschlagen. So ist zumindest eine gewisse Kontaktfreudigkeit garantiert. Auf Dauer zweifelt er daran, so eine langfristige Partnerin zu finden. Einstweilen stört es ihn allerdings nicht, sonntagmorgens wechselnde Gesichter beim Frühstück zu sehen – schließlich fühlt er sich auch in seiner Wohnung immer noch wie zu Besuch.

→ **Wenn Sie Berater kennen:**
Unter Umständen erkennen Sie jemanden aus Ihrem Bekanntenkreis in diesem Kapitel wieder – als ein »Er meldet sich alle halbe Jahre einmal«-Freund oder ein »Deshalb klebt mein Bekannter abends und am Wochenende so an mir«-Fall. Bringen Sie Verständnis für die schwierigen Rahmenbedingungen auf! Manchmal tut es auch eine sanfte oder deutliche Erinnerung per SMS. Nehmen Sie grundsätzlich an, dass es an äußeren Umständen und nicht am bösen Willen liegt (manchmal mögen Sie damit falsch liegen, aber besser vom positiveren Fall ausgehen). Ihr/e Bekannte/r wird sich jedenfalls sicher über jede Einladung freuen, solange sie zwischen Freitagabend und Sonntagabend liegt und so frühzeitig ausgesprochen wird, dass mögliche Terminkonflikte vermieden werden und gegebenenfalls die Projektan- und -abreisen gleich für das ganze Wochenende auf andere Destinationen gebucht werden können.

Das gilt insbesondere für Freunde aus vergangenen Tagen, die unvermittelt zu einer Hochzeit an weit entfernte Lokalitäten einladen. Für Unternehmensberater meist kein Problem, denn sie fliegen sowieso am Wochenende irgendwohin nach Hause. Allerdings muss rechtzeitig in der Woche davor die Logistik für zwei Wochen (und ein festliches Wochenende dazwischen!) aufgebaut werden. Also zwei Trolleys packen, den Smoking über die Schulter, am Montag damit leben, dass es mehr als nur Handgepäckgröße ist, sich eventuell frühzeitig um eine Express-Wäscherei am Feierort kümmern (das reduziert die Unterwäsche-Sets). Dafür brauchen die Freunde in den meisten Fällen für solche Besucher keine Übernachtungskosten zu übernehmen, denn nach einem dezenten Hinweis (»Da gibt's auch ein Marriott/Le Méridien/Hilton etc.«) wird der Beraterbekannte freudestrahlend damit auftrumpfen, dass ihm dank seines exorbitanten Kundenstatus auf jeden Fall noch ein Zimmer in einem solchen Hotel bereitgestellt würde – welches er dann mit seinen Bonuspunkten bezahlen kann.

Beziehung downsizen:
Schatz, bis zum Wochenende

Noch schwerwiegender als die Strapazierung des sozialen Umfeldes wird die Belastung der privaten Beziehung. Hier empfiehlt es sich, dem Partner mit einer Workshop-Methode zu begegnen: Wenden Sie aktives »Expectation Management« an, und thematisieren Sie, welche Erwartungen Ihr Partner an die gemeinsame Zukunft stellt. Damit können Sie schnell mögliche aufkommende Probleme identifizieren – wenn Ihr/e Partner/in sagt: »Ich stelle mir vor, dass wir uns die Kindererziehung 50/50 teilen«, muss das langfristig in Ihre Projektplanung aufgenommen werden. Schon der Kinderwunsch kann dazu führen, dass Sie sich mitten unter der Woche abends vom Projekt verabschieden, um nach Hause zu fliegen – schließlich sind die fruchtbaren Tage in einem Monatszyklus gezählt.

Anfangs fühlt sich die Verbindung von Reise- und Privatleben zwar auch nicht anders an als eine Fernbeziehung – und ist damit für Absolventen heutzutage oftmals nichts Ungewöhnliches. Doch spätestens nachdem der unbefristete Vertrag unterzeichnet ist und damit die Karrierepfade für die Zukunft gelegt werden, stellt sich die Frage, wie die privaten Ziele auf Dauer damit vereint werden können. Männliche Berater können das Thema meistens noch etwas hinauszögern, da weiterhin das Gefühl des Fliegens von Blüte zu Blüte überwiegt. Als Unternehmensberaterin wird der Wunsch nach eigenem Nest und Nachwuchs allerdings schneller dringlich, tickt doch eine biologische Uhr. Wo sich die Herren der Schöpfung Zeit lassen können, stehen die Karrierefrauen unter dem Druck, nicht nur die einsamen Nächte in Hotels auszufüllen, sondern auch langfristig eine Beziehung aufzubauen.

Überhaupt erfordert der Umgang mit sexueller Erfüllung erhebliche Disziplin: Entweder man verlegt die Schäferstündchen geballt aufs Wochenende und sieht dabei einem gewissen Leistungsdruck ins Auge, oder man arrangiert frivol-skrupellos Alternativlösungen am Projektort – und rechnet damit, dass sich zu Hause ebenso ein Hausfreund etabliert. Sollten Sie als Unternehmensberater Single sein – oder im Laufe oder gerade wegen Ihrer Beraterkarriere werden –, so bleiben Ihnen nur das Jagdrevier der direkten Arbeitsumgebung (im durchschnittlichen Büroumfeld sehr eingeschränkt, sofern Sie männlich und heterosexuell sind und nach einer Partnerin suchen, oder im anderen Fall homogenisiert auf krawattentragende Karrieremännchen), die Gelegenheiten im Hotel oder die Wochenenden als Rahmen für Beutezüge. Ein längerer Urlaub oder der Rückgriff auf virtuelle Lösungen (siehe Idle time) sind dann sehr beliebt.

Multi-Beziehungsmanagement:
Ich hab' noch eine Liebschaft in Berlin

Mancher mag in Versuchung geraten, sein Beziehungsbedürfnis zu parallelisieren, indem er mehrere Alternativlösungen professionalisiert. In diesen Fällen lohnt es sich, gründlich zu planen: Entweder man trifft die Partnerwahl unter dem Vorzeichen eines offenen Spiels, das heißt: Alle Partner sind informiert, dass sie nicht die einzigen Bezugspersonen sind und geben zumindest ihr verbales Einverständnis. Das erleichtert das Beziehungsmanagement zumindest so lange, wie sich die verbale Zustimmung nicht als aufgesetzt herausstellt und ein Partner sich in Wirklichkeit doch mehr erhofft (was sich meist spätestens dann manifestiert, wenn es doch zu einer Nachwuchsproduktion kommen sollte).

Oder man entschließt sich gleich für die heimliche Variante: Offiziell ist jeder Partner das einzige Lebensglück. Gehen Sie in diesem Fall vorsichtig vor! Legen Sie sich mehrere E-Mail-Adressen zu – denn ein Teil Ihrer Beziehungspflege wird sich vermutlich über virtuelle Liebesgrüße abspielen. Erwägen Sie die Möglichkeit mehrerer Handys – sofern Sie Projekte im Ausland haben, lassen sich problemlos mehrere Telefonnummern begründen. Damit gibt es auch eine Erklärung, warum man einmal nicht erreichbar sein sollte – merke: Nichts ist peinlicher als eine Unterbrechung des Schäferstündchens durch einen Handyanruf der Nebenliebschaft! Lassen Sie Ihr Handy nicht ungesichert irgendwo in Bettnähe liegen, wenn Sie zur Morgentoilette gehen – die Neugier mancher Partner auf den SMS-Speicher des anderen kann grenzenlos sein. Sichern Sie Ihren Computer, Ihre E-Mail-Konten und Ihr Smartphone durch sichere Passwörter ab, die Ihre Partner/innen nicht leicht erraten können.

Schon jetzt dürfte Ihnen klar werden: Eine pluralistische Beziehungslandschaft kostet Mühe und erfordert Pflege. Und eine gewisse Kaltschnäuzigkeit. Übungshalber können Sie schwarzfahren – die Angst vor dem Erwischtwerden auszuhalten, ist eine gute Vorbereitung auf die erforderliche Abgebrühtheit.

→ **Wenn Sie Berater kennen:**
Wenn Sie sich hierhin verlaufen, dann sind Sie wohl bedauernswertes Opfer einer Beraterpartnerschaft. Es gibt mehrere Möglichkeiten, diese Konfiguration angenehm zu gestalten: Entweder Sie sind selbst Unternehmensberater/in oder führen einen ähnlichen ausschweifend-reisefreudigen Lebensstil – dann kommen Sie sich selten ins Gehege und erfreuen sich Ihrer Quasi-Wochenendbeziehung. Oder Sie lernen, die Rahmenbedingungen des Berufslebens in Ihrer Partnerschaft zu akzeptieren: Von Montag bis Freitag sind Sie mit dem schreienden Kleinkind allein, bis Ihr Partner am Wochenende – interessanterweise von der Arbeitswoche erholt – wiederkommt. Bei der gerechten Lastenverteilung helfen Ihnen einschlägige Ratgeber aus dem Buchhandel oder zur Not im Krisenfall ein Familien-Mediator. Und: Sprechen Sie über das Problem des »Wie überstehe ich eine Woche ohne Sex?« – erfahrungsgemäß wirkt die körperliche Liebe ja auch schlicht ausgleichend in Stresssituationen.

Sollten Sie den Drang verspüren, in den Zeiten wöchentlicher Einsamkeit auf Catherine Millets Spuren zu wandeln, lohnt sich unbedingt auch die Lektüre ihres Buches »Eifersucht«. Auf jeden Fall können Sie ein starkes Gegengewicht setzen – unter der Woche haben Sie Zeit für Selbstentfaltung (zumindest solange noch kein Familiennachwuchs in Sicht ist), und Ihr Partner sorgt für einen konstanten Strom materieller Versorgung. Falls sich die Belastung auf Dauer als zu groß herausstellt – gehen Sie mit Ihrem Partner das Kapitel »Exit-Szenario« nochmals genauer durch.

Gefühle: Cold as Ice

Es mag überraschen, aber Gefühle sind so ziemlich das Schlimmste, was im Beraterleben passieren kann: Der Kunde mag sie nicht, denn er bezahlt für Professionalität. Überbordende Heiterkeit rheinländischer Kollegen auf Projekten in der preußischen Provinz kann dann schnell zu nachhaltigen Verstimmungen führen. Und allzu großer Enthusiasmus über oder Abneigung gegen das Geschäftsgebaren eines Waffenkonzerns kann durchaus die lukrative Entwicklung langfristiger Geschäftsbeziehungen beeinträchtigen. Insofern gehört eine gute Portion Distanz zwangsläufig zum Berufsbild dazu.

Nicht nur für den Kunden, auch für den Projektleiter sind emotionale Situationen eher unerwünscht, stellen sie doch Probleme im streng funktional durchgeplanten Projektablauf dar, die bewältigt werden wollen. Die Belastung durch private Probleme, womöglich sogar mit tränenreichen Weinanfällen, ist ein mindestens genauso großes Übel wie Krankheit, oder schlimmer noch: Unfälle. In diesen Fällen wird das Prinzip »Jeder ist ersetzbar« hart auf die Probe gestellt – und der Projektmanager mit seiner ganzen Kompetenz gefordert, um Kontinuität zu gewährleisten. Der Kunde bezahlt für eine funktionierende Projektmaschinerie, da ist es die Aufgabe des Projektmanagements, jedwede Störung abzuwenden.

Schließlich werden auch Sie selbst Gefühlen gegenüber eine gewisse Vorsicht walten lassen: Wenn Sie zum ersten Mal die Reaktion auf Ihren Businesscase mitverfolgen können, der von »Headcount reduction« in umfangreicher Höhe ausgeht, und Ihnen vor Augen geführt wird, dass sich hinter »FTE« das Full-time-equivalent einer Person mit Familie, Hoffnungen, Träumen und Verpflichtungen verbirgt. In diesen Fällen werden Sie als Unternehmensberater an die Grenzen Ihrer Professionalität geführt: Wie weit schaffen Sie es, die Sprache der Fakten noch im Blick zu behalten, ohne dass sich das Einzelschicksal des zu entlastenden Familienvaters trübend davorschiebt?

Rick (28) war als Consultant in eine größere Umstrukturierung eines Medienunternehmens eingebunden. Er war einer Abteilung zugeordnet, deren Organisation nachhaltig verändert werden sollte – was auch hieß, dass sich viele Mitarbeiter von ihrem Arbeitsplatz verabschieden mussten. Kurz bevor die einschneidenden Maßnahmen kommuniziert wurden, wunderte er sich, warum er an einen anderen Schreibtisch in einem Büro neben dem Abteilungsleiter versetzt wurde. Erst nach der Bekanntgabe wurde ihm klar, dass die Betroffenen sich in Hörweite ihres Chefs nicht trauen, über die Berater zu schimpfen. Womit er allerdings weiter zu kämpfen hatte, war, dass sich bei seinem Betreten der Teeküche die dort Anwesenden wortlos umdrehten und alle Kaffeekannen vor seinen Augen in der Spüle entleerten – man wollte den »Rausschmeißer« auf keinen Fall auch noch mit selbst gekochtem Kaffee versorgen.

Will man Veränderungen vorantreiben, um übergeordnete Zielvorgaben zu erfüllen, ist eine stabile Referenzbasis unerlässlich. Die Dynamik emotionaler Prozesse hat darin höchstens in Form motivationaler Effekte einen Beitrag zu leisten, um alle Betroffenen zum Mitmachen zu bewegen. Andere Gefühlsausbrüche müssen wie Störungen behandelt werden – im Zweifelsfall ebenso professionell mithilfe von Coachingverfahren und Beratern, die sich um Kommunikation, Outplacement und Perspektiventwicklung kümmern.

Es gibt nur eine Ebene, auf der Gefühle plötzlich relevant werden: im direkten Gegenüber mit dem Counterpart beim Kunden. Kundenzufriedenheit ist das A und O der Beratung, denn letztendlich definiert sie den Projekterfolg: Selbst wenn das ursprüngliche Projektziel verfehlt wird, dann ist das per se erst einmal nicht schlecht – sofern der Kunde davon überzeugt werden kann, dass es zugunsten anderer Vorhaben oder wegen geänderter Umstände aufgegeben werden muss. Den Beratern wird damit immerhin die Möglichkeit geliefert, diese Veränderung von Anfang an zu begleiten und bei der begründenden Argumentation zu helfen. Die emotionalen Antennen sollten deswegen sehr genau auf die Entscheider auf der anderen Seite des Tisches ausgerichtet sein. Jede noch so kleine Regung kann Missmut ausdrücken, Zustimmung bedeuten – oder einfach nur eine Fliege verscheuchen. Studieren Sie die Körpersprache! Arbeiten Sie an Ihrem EQ! Spätestens beim Verkauf Ihres ersten Projektes werden Ihre Kompetenzen auf diesem Gebiet eine große Hilfe sein.

Sinn und Werte: What we all work for

Welchen Beweggrund könnte es also jenseits des materiellen Anreizes geben, die Strapazen des modernen Nomadenlebens auf sich zu nehmen? Beratungshäuser werben gegenüber den Bewerbern gerne mit ihren Werten, die ausgeprägt in der Firmenkultur gelebt werden, denn durch die hohen Anforderungen an Teamwork und -fähigkeit wird der kulturelle »Fit« zu einem erfolgskritischen Faktor: Man fühlt sich gerne als Familie, die gemeinsam an der großen Mission arbeitet. Hinterfragt man diese Mission, wird ein Wertekatalog aus der Tasche gezogen, der von wenigen Kernsätzen wie »Client first« bis hin zu einem bunten Blumenstrauß moralisch-normativer Begriffe reicht, die »Fun«, Bescheidenheit, Ehrlichkeit, Vertrauen propagieren.

Angesichts der Struktur des Beratungsbusiness zeigt sich aber schnell, dass ein Dienstleistungsunternehmen erheblich dadurch bestimmt wird, wie weit es Werte überhaupt nach außen vertreten kann – welche Moral kann sich der Schuhputzer leisten? Er hat nicht darüber zu befinden, ob der Mensch auf seinem Stuhl mit Waffen handelt, Mafiosi ist oder Pastor. Dementsprechend lassen sich auch die Werte der Unternehmensberater lediglich als Teil eines Firmenimages lesen, das dazu dient, unter den Bewerbern möglichst Gleichgesinnte zu finden, die auf Projekten eine verlässliche Ressource darstellen.

Der wahre Wert, der hinter einem stabilen Wertesystem steht, ist das Ziel der Kontrolle: Der Kunde will, im besten Sinne eines Wirtschaftsverständnisses, das nicht unbedingt auf maximalen Profit, sondern auf langfristige Sicherheit ausgerichtet ist, die Kontrolle über sein Geschäft, und er engagiert dazu Berater, die ihm helfen sollen, »objektive«, zumindest aber transparente und fachlich fundierte Entscheidungen zu treffen.

Die Beratungsunternehmen streben zuvorderst natürlich eine Kontrolle über ihre Kundenbeziehungen an – da sind sie auch nur Teilnehmer des wirtschaftlichen Strebens nach Sicherheit. Auf Projektebene schlägt sich das aber verstärkt als Streben nach Konformität nieder: Die Maschine muss funktionieren, weil sie auf Annahmen und Verträgen fußt, die nur bedingt flexibel sind. Krankheitsfälle, individuelle Entwicklungen und Unfälle werden genauso als Herausforderungen behandelt wie Flugzeugverspätungen oder IT-Probleme. Für all diese Fälle gerüstet zu sein, das ist der Anspruch der Professionalität, mit dem letztendlich die Tagessätze legitimiert werden. Ein ausbalanciertes System von Risikoanalyse, permanenter Überwachung von Projektfortschritt und Erfolgskontrolle sollen helfen, diesen Anspruch aufrechtzuerhalten.

Verkürzt könnte man sagen: Berater machen die Welt sicherer – oder zumindest kalkulierbarer. Mit der Umwandlung jedweder Störung in eine rechenbare Größe kann man planmäßig darauf reagieren. Im Spannungsfeld der Unternehmenswerte Kontrolle vs. Vertrauen bewegt sich die Beratung sehr weit auf der Ebene der Kontrolle, und damit der Angst: Weil Sicherheit verkauft wird, muss diese auch bis hinunter zu den Mitarbeitern aufrechterhalten werden. Das propagierte Wertesystem sorgt für Homogenität in der Mannschaft, und der Anspruch an den »Social fit« gewährleistet, dass jeder Mitarbeiter weiß, wo und wie er zu funktionieren hat. Flotte Sprüche in den Stellenanzeigen wie »Wir suchen Querdenker« oder »Neue Lösungswege haben eine Chance« gelten also immer nur insoweit, als die Querdenker keine Gefährdung des Status quo darstellen.

Befragt man Unternehmensberater, wofür sie arbeiten, so antwortet die Mehrzahl damit, dass der Job gut bezahlt sei. Angesichts der oben geschilderten Tatsache, dass sich eine Beratungskarriere wirklich nur für diejenigen auszahlt, die das langjährige Risiko von Burn-out und tagelanger Abwesenheit auf sich nehmen, enttarnt sich der wahre Beweggrund schnell als Sicherheitsstreben: Obwohl sie die Bildungselite ihrer Generation sind, nachgewiesenermaßen hoch qualifiziert und belastbar, fehlt den meisten der Mut für die eigene Unternehmung. Diese Einsicht kann vielleicht helfen, einiges zu verstehen, was die Männer in Grau antreibt, die auf den Rolltreppen und Laufbändern der Flughäfen an einem vorbeihasten.

Perspektive: Leben auf der Überholspur
Manche vergleichen Unternehmensberater mit den Repräsentantinnen des horizontalen Gewerbes. Nicht den Bordsteinschwalben vom Drogenstrich natürlich, sondern den hoch bezahlten Edelstuten der Luxus-Escort-Serviceanbieter. Die Parallelen sind in der Tat frappierend: Beide haben in etwa den gleichen Kundenstamm. Beide verdienen unverschämt viel Geld pro Stunde. Und bei beiden fragt man sich manchmal, wie sie eigentlich ihr Einkommen und ihr persönliches Wertesystem in Einklang bringen. Von vielen Damen wird dieses Gewerbe angeblich als Durchgangsstation angesehen, um später einmal ein »richtiges« Leben anfangen zu können. Die Frage ist eben nur: Wann soll dieses »Später« sein, und woraus besteht das »richtige« Leben?

Dieselbe Haltung findet sich oft bei Unternehmensberatern, gerade bei jungen Bewerbern: dann fallen Begriffe wie »Durchlauferhitzer«, »Ausbildung in der Beratung« und »großartige Zukunftsperspektiven«. Hoffen wir, dass die meisten dieses Später tatsächlich noch erleben – bevor sie ihren ersten Herzinfarkt erleiden. Und dann immer noch voller Träume, Wünsche und Ideen sind und diese in der Projekthektik nicht ganz und gar vergessen haben. Auf jeden Fall sollten sie sich nicht wundern, wenn sie dann in den Spiegel schauen und merken, dass man ihren verbrauchten Gesichtszügen die langen Jahre des exzessiven Lebens ansieht. Immerhin können sie sich in Erinnerung rufen: sie haben weit mehr erfahren als andere! Und letztendlich gilt: Wer doppelt so schnell lebt, muss akzeptieren, dass er nur halb so lange braucht.

Es ist nie zu spät für eine Veränderung …

6 | Anhang: Praktische Tipps

Filme für lange Hotelabende

- *Brazil*: Die unendlichen Büroflure und das Zitat »Mit so einem Anzug kannst du keine Karriere machen« sprechen für den alltäglichen Wahnsinn.
- *Die Körperfresser kommen*: Schauen Sie am nächsten Tag Ihren Kollegen nicht allzu auffällig ins Gesicht, wenn diese gerade in ihr Notebook vertieft sind.
- *Wall Street*: »Greed is good.«
- *Runaway Jury*: Wie man Steckbriefe anfertigt und Kampagnen lostritt – und sie als »spin doctor« umdreht.
- *Up in the Air*: George Clooney weiht in die Welt der Vielflieger ein.
- *The Game*: »Du warst auf dem besten Wege, ein Arschloch zu werden.«
- *Fight Club*: Der insgeheime Wunsch vieler Unternehmensberater: Die eigene Wohnung in die Luft sprengen und danach subversive Aktionen unternehmen. Endet leider unbefriedigend.
- *Das Geld anderer Leute*: »Es gibt etwas, das ich noch mehr liebe als mein Geld – das Geld anderer Leute.« Inklusive eines kleinen Crashkurses in Cash-flow-Rechnung.
- *Spinning Boris*: Das Vorbild für strategische Projekte im großen Stil auf der Weltbühne.
- Alle *James Bond*-Filme (sogar die mit Roger Moore und Richard Dalton): Alleine schon, um sich klarzumachen, dass Fünfsternehotels auch heute noch keinen Stil haben.

- *Eine unbequeme Wahrheit*: Zum Nachdenken über den nächsten Flug.
- *Roger and Me*: Die Konsequenzen der Konzernpolitik mal en détail von der anderen Seite betrachtet.
- *Let's make Money*: Aus selbsterklärenden Gründen.
- *Muppet Show*: Sie werden viele Figuren aus Ihren Meetings wiedererkennen

Musik fürs Auto und die MP3-Bibliothek

- *Killing in the name* – Rage against the machine (»Fuck you, I won't do what you tell me«)
- *Eat the rich* – Aerosmith (ohne Kommentar)
- *Good times* – Eric Burdon (»When I think of all the good times I've been waisting« … beim Malen von Power-Point-Slides)
- Lounge-Musik, um an den letzten Cluburlaub erinnert zu werden.
- Renaissance- und Barockmusik, zu der es sich wunderbar einsam vor dem Rechner arbeiten lässt.

Hobbys, die sich mit dem Beraterleben vertragen

- Lesen (Immer ein gutes Buch auf Reisen mitnehmen – Hörbücher sind eine ausgezeichnete Ergänzung, auch abends auf dem Laufband im Hotel.)
- Joggen (Lokal unabhängig, gegebenenfalls im Hotel auf dem Laufband – mit einem Hörbuch.)
- Golfen (Ihr Chef tut's, Ihr Kunde tut's – geben Sie sich einen Ruck, und tun Sie's auch.)
- Ukulele spielen (Klein genug zum Transportieren,

auch im Koffer, wenn Sie sich vor den Kollegen schämen.)
- Segeln (Im Urlaub. Gut für die ganze Familie, Bewegung an der frischen Luft – und auch wenn andere es für die teuerste Art halten, unbequem von A nach B zu kommen: Sie können es sich a) leisten und sitzen b) genug in gemütlichen Bürostühlen herum!)

Und zum Schluss:
Seien Sie nett zu Ihren Kollegen! Denen geht es nicht anders als Ihnen selbst.

Seien Sie auch nett zu Ihren Kunden! Sie leben von ihnen!

Über den Autor

Ewald F. Weiden ist seit über zehn Jahren Managementberater, war unter anderem bei einer führenden Strategieberatung tätig und hat das Handwerkszeug von der Pike auf gelernt. Seine Projekte führten ihn um die halbe Welt und alleine in einem Jahr in 18 Hauptstädte verschiedener Länder. Er besitzt immer noch Senatorenstatus, hat sich von einem leichten Burn-out-Syndrom erholt, ist rückfällig geworden und mittlerweile Partner eines kleinen eigenen Beratungsunternehmens.

Anmerkungen

1 Herausforderung: Ist die Umschreibung für nahezu alles, was einem Berater begegnet: von der Reiseplanung bis zur unlösbaren Aufgabe. Das Gute: Herausforderungen können bewältigt werden und sind deswegen mitnichten ein bloßer Euphemismus für das alte Paar von Problem und Lösung. Da das Wort »Problem« beim Kunden negative Assoziationen hervorrufen könnte, greifen Berater lieber zur Umschreibung der »Herausforderung« – wenn sie nicht gleich auf das englische »issue« zurückgreifen und damit auch den Aufgabencharakter des zu Bewältigenden umgehen.

2 Recruiting: Einstellungsprozess zur Gewinnung von Neuberatern, früher auch Personalbeschaffung genannt. Funktion, die von der Abteilung »Human Resources« (HR) ausgefüllt wird, ehedem schlichter als »Personalabteilung« tituliert. Recruiting bewegt sich zwischen dem Anspruch, nur die Besten nehmen zu wollen, einerseits, und den Wachstumsanforderungen andererseits. Nach überlebtem Recruiting-Prozess folgt das Onboarding.

3 Insights: Erkenntnisse, auch: Schlüsse aus Fakten. Grundlegende Ergebniswährung jedes Beratungsprojektes: Welche Insights wurden gewonnen? Welche Konsequenzen ergeben sich daraus als Handlungsempfehlung?

4 Staffing: Vorgang, bei dem über die Verteilung von Beratern auf Projekte entschieden wird. Je nach Unternehmen und Auftragslage mit mehr oder weniger Einfluss- und Wahlmöglichkeit für den Beteiligten. In leitender Position sollten Sie das Staffing Ihrer Untergebenen immer gut im Blick behalten, um rechtzeitig Personal von auslaufenden Projekten auf neuen Engagements unterzubringen. Dieser interne Arbeitsmarkt wird gerne in ausgedehnten Telefonkonferenzen mit allen leitenden

Managern abgewickelt – unter der Ägide der sogenannten Staffing-Abteilung.

5 Zur Maus: Nach der Formel für den Kreisumfang $U = 2\pi r$ ergibt sich aus $U(neu) = U+1$ ein $r(neu)$ von $U/2\pi + 1/2\pi$, also vergrößert sich der Abstand zwischen Seil und Erde um ca. 16 cm – genug für mehrere Mäuse übereinander.

Zum Wasserspiegel: Er fällt. Solange der Stein im Boot ist, verdrängt das Boot so viel Wasser, wie der Stein wiegt. Liegt der Stein auf dem Grund des Sees, verdrängt er nur sein eigenes Volumen, das aufgrund der höheren Dichte weniger ist als das Wasservolumen gleichen Gewichts.

6 MECE: Mutually Exclusive and Collectively Exhaustive – deutsch: überschneidungsfrei und vollständig. Beliebtes Beraterkonzept, Probleme zu beschreiben: Der erste Teil (»Mutually Exclusive« – Überschneidungsfreiheit) wird erreicht, indem man Dimensionen eines Problems sauber trennt (z.B. hängen die Kennzahlen »Krankenstand« und »Durchschnittliche effektive Arbeitszeit je Mitarbeiter« zusammen und dürfen deshalb nicht getrennt betrachtet werden, weil »Effektive Arbeitszeit je Mitarbeiter« = »Vertragliche Arbeitszeit« – (»Krankentage« + »Zusätzlich gewährte freie Tage«), während »Krankenstand« = (»Krankentage«/»Mitarbeiter«), also hängen beide über den Summanden »Krankentage« zusammen und sind daher auf derselben Achse zu betrachten. Auf getrennten Achsen dürfen nur vollständig getrennte Dimensionen betrachtet werden (z.B. »Klimaerwärmung« = »menschliche Effekte« vs. natürliche »Klimazyklen« – wenn man annimmt, dass der Mensch selbst nicht eine natürliche Klimaschwankung ist). Für den zweiten Teil (»Collectively Exhaustive« – Vollständigkeit) müssen aufmerksame Berater penetrant genug nachfragen, um sicherzustellen, dass alle Aspekte eines Problems wirklich erkannt wurden.

7 Business Process Reengineering: Analyse und Neudefinition der Geschäftsprozesse unter besonderer Berücksichtigung von Zielvorgaben, z.B. Produktionsgeschwindigkeit oder Kosteneffizienz. Unter dem Schlagwort BPR wurden in den 90er-Jahren Beratungsprojekte von erheblichem Umfang verkauft, in denen es darum ging, die Kernkompetenzen des Unternehmens her-

auszuarbeiten und die wesentlichen Geschäftsprozesse auf den Kunden auszurichten.

8 Wertstromanalyse: Verfahren, um die Zeiten des Material- und Informationsflusses in einem Unternehmen nach »wertschöpfenden Zeiten« und »Verschwendung« zu klassifizieren. Die »Verschwendungszeiten«, in denen keine Wertschöpfung stattfindet (z. B. weil das Werkstück auf Bearbeitung wartet), gilt es zu eliminieren. Vor allem bekannt geworden durch die Anwendung bei Toyota.

9 Six Sigma: Methode des Qualitätsmanagements, nach der versucht wird, Abweichungen (in der Statistik mit dem griechischen Zeichen Sigma σ bezeichnet) vom Zielmaß zu minimieren. Der Name geht auf die Anforderung zurück, dass die Standardabweichung des Prozessergebnisses sechs Mal kleiner sein soll als der Anforderungsgrenzwert, d. h. es wird eine Fehlerrate von 3,4 Fehlern per Million Transaktionen angestrebt, was einem Qualitätsgrad von 99,99966 % entspricht. Six Sigma verdankt seine Popularität einerseits der Anwendung bei General Electric unter Jack Welch, andererseits auch dem Qualifizierungssystem, das »Gürtelgrade« verleiht und sich damit an Kampfsportarten anlehnt: Zertifizierte Six-Sigma-Experten, die eine hinreichende Anzahl qualifizierender Schulungen besucht haben, dürfen sich mit dem »Black Belt« schmücken.

10 SAP: Steht für Systeme, Applikationen, Programme und ist der Name einer Firma aus dem badischen Walldorf, deren Gründer in den 1980ern damit anfingen, Rechenzeit auf Rechnern ihres Arbeitgebers IBM zu vermieten. Später kamen sie auf die glorreiche Idee, nicht jedes Mal für ein Problem eine neue Lösung zu programmieren, sondern ihr bestehendes Programm dahingehend zu erweitern, dass es, gefüttert mit den richtigen Parametern, sowohl die alte wie auch die neue Situation abbilden kann. Dieser Schritt zur sogenannten Standardsoftware begründete den weltweiten Siegeszug einer IT-Lösung, die den Unternehmenslenkern das ultimative Versprechen der Entbindung von Verantwortung gibt: absolute Kontrolle aller Zahlen auf Knopfdruck. Da eine Abbildung eines Unternehmens in der Software von SAP, sogenannten ERP-Systemen (Enterprise

Resource Planning), meist mit einer zumindest teilweisen Angleichung der Unternehmensabläufe an die SAP-Strukturen einhergeht, ist SAP das größte Gnadengeschenk, das der Beraterzunft jemals in den Schoß fallen konnte – zumindest bis zu Auswüchsen wie den Gesetzesstandards für Finanzmärkte (Sarbanes-Oxley-Act, SOX), die wiederum eine Überprüfung der Unternehmensstrukturen notwendig machten und zu einem Rückzug vieler Unternehmen von den amerikanischen Finanzplätzen führten.

11 Can-Do-Attitude: Das Credo dieser Einstellung lautet: »Wir machen das. Jetzt.« Zupackendes Engagement, die wesentlichen nächsten Schritte zu sehen und das Machbare anzugehen – idealerweise durch einen Planungsprozess unterstützt, mit dessen Hilfe mögliche Risiken kontrollierbar werden.

12 (Karriere-)Level: Hierarchie in der Beratung. Je nach Beratungsunternehmen gibt es mehrere Karrierestufen, deren Bezeichnungen sich unterscheiden können, prinzipiell aber vergleichbar sind (siehe dazu das Kapitel Hierarchiestufen).

13 Benchmarking: Benchmarks sind ein Optimierungstool, bestehend aus Vergleichszahlen, häufig aus derselben Branche oder zu ähnlicher Problemstellung. Kunden lieben Benchmarks, Berater haben ein ambivalentes Verhältnis dazu: Seniore Berater lieben sie ebenfalls, weil man dem Kunden immer ein Benchmarking-Projekt verkaufen kann, mit dessen Hilfe die eigene Situation eingeschätzt werden soll. Juniore Berater hassen Benchmarks, weil sie die Zahlen zusammentragen sollen, die einen Vergleich erlauben, und meistens feststellen, dass ein echter Vergleich nicht möglich ist – weil die Zahlen so nicht erhältlich sind, noch nicht erhoben wurden oder im schlimmsten Fall sogar käuflich erworben werden müssen (zum Beispiel von Firmen wie Gartner), aber der Account Manager diesen Betrag nicht im Projektbudget vorgesehen hat. Die Pisa-Studie ist ein gutes Beispiel für Benchmarking der Ausbildung und sollte in obige Überlegungen auf jeden Fall mit einbezogen werden – zumindest bei der Auswahl des Bundeslandes.

14 NLP: Neurolinguistisches Programmieren. Technik zur Steuerung der Wahrnehmung durch Verwendung bestimmter

Sprach- und Verhaltensmuster. Bekannt ist z. B. die Technik des »Spiegelns«: Durch Imitation der Körpersprache des Gegenübers (er schlägt die Knie übereinander, ich tue das genauso; er lehnt sich zurück, ich ebenfalls) wird ein Harmoniegefühl erzeugt, das dem »Spiegelnden« nach einer kurzen Zeit gemeinsamer Körperhaltung erlaubt, selbst die Führung zu übernehmen (ich greife nach dem Wasserglas, reflexhaft nimmt er sich auch etwas zu trinken). Mit der Übernahme der Kommunikationsführung wird auch eine inhaltliche Abhängigkeit angestrebt.

15 Businesscase: Klassische Methode zur Bewertung von Maßnahmen anhand von Kalkulationen in verschiedenen Szenarien, mit deren Hilfe zukünftige Entwicklungen bei Kosten und Erträgen projiziert werden. In der Regel ein großes Excel-Sheet mit vielen einzelnen Tabellenblättern, von denen das erste die zugrunde liegenden Annahmen enthält, weitere dann unterschiedliche Szenarien ausarbeiten, z. B. ein vorsichtiges (pessimistisches), ein optimistisches best-case und ein wahrscheinliches Szenario. In jedem Szenario werden die Kosten- und Ertragsentwicklungen anhand der Parameter auf eine Reihe von Jahren projiziert und auf einen abgezinsten Basiswert (Net present value) zurückgerechnet, um die positiven oder negativen Effekte von Maßnahmen abschätzen zu können.

16 Wer in einem solchen Unternehmen landet, dem empfiehlt sich ein regelmäßiges Backup – zumindest dann, wenn das Arbeitsgerät auch (eventuell sogar illegalerweise) privat verwendet wird, also beispielsweise, um private E-Mails abzurufen. Vorsichtige und korrekte Kollegen würden nicht zögern, für solche Zwecke einen Zweitrechner mit auf Reisen zu nehmen. Ein einfacher Weg herauszufinden, wie derlei in der Firma gehandhabt wird, ist also das unverfängliche Gespräch darüber, wie die Kollegen die Beantwortung privater E-Mails erledigen. Wer feststellt, dass eine private Nutzung stillschweigend geduldet wird, sollte sich auf Überraschungen wie den plötzlichen Verlust entsprechend einstellen.

17 Lever = Hebel: Berater lieben Hebel. Sie vermitteln ein Gefühl von Effizienz: mit wenig Mitteln große Wirkung erzielen. Dass man dazu mehr Kraft braucht und damit in Summe auf beiden

Seiten des Hebels die gleiche Arbeit verrichtet wird, gehört zu den großen Grauschleiern der Beratersprache. Ansonsten ist es erstaunlich, wie viele Arten von Hebeln man plötzlich überall finden kann: Kommunikationsmaßnahmen wirken als Hebel, Projekte mit Ausstrahlungskraft auf einen großen Personenkreis, aber auch Einzelmaßnahmen, die dem Muster folgen: kleine Ursache, große Wirkung.

18 »Rote-Augen-Flieger«: Linienflüge mit Abflugzeiten vor 7:30 Uhr – sie führen zu einer drastischen Verkürzung der Nacht, weil sich dank intensiver Sicherheitsmaßnahmen an den Flughäfen die Aufstehzeit unter Umständen in Richtung 4:00 verschiebt. In der Regel ein Problem der unteren Beraterchargen, weil sich Höherstehende gerne montagmorgens zu Telefonkonferenzen verabreden, die man entspannt auch am Frühstückstisch abhalten kann.

19 Reisepolicy: Reglement, welche Reisekosten und Spesen der Kunde übernimmt. Darin sind z. B. Hotelkategorien über Preisobergrenzen sowie zu buchende Flugreiseklassen (Economy/ Business) definiert – oder gleich eine Pauschalregelung als prozentualer Zuschlag auf den Tagessatz der Projektmitarbeiter. In diesem Fall greift die Reisepolicy des eigenen Beratungsunternehmens, von dem dann die Reisekosten erstattet werden. (Die deutsch/englische Zusammensetzung ist übrigens ein besonders gutes Beispiel für Beratersprache.)

20 Buzzwords: Neudeutsch für Schlagworte, die jeder verwendet, von denen aber kaum einer genau weiß, was sie bedeuten. Ihre Verwendung weist jedoch nach, dass man am Puls der Zeit ist und im Trend liegt. Bevorzugt auf Englisch: Business Process Reengineering, Service Oriented Architecture, Nearshoring statt Offshoring, Lean Management. Ein Gutteil der Arbeit von Unternehmensberatern besteht darin, die Buzzword-Blasen aus Vorstandsgehirnen mit den Ergebnissen harter Projektarbeit zu füllen: Man könnte es als Beschäftigungstherapie gelangweilter Vorstände verstehen, die, unter dem Druck, modern zu erscheinen und für Wachstum zu sorgen, dringend Hilfe dabei benötigen, die gerade selbst erfundene »Strategie 2.0« zu erklären und zu begründen, worin denn

genau das 2.0 bestehen soll und warum es sich um etwas gänzlich Neues handelt.

21 Kunden der Beratungen sind üblicherweise die großen Konzerne. Mittelstandsberatung, die sich im Feld der überwiegenden Wertschöpfung Mitteleuropas bewegt, gibt es so gut wie gar nicht. Vermutlich, weil oftmals noch inhaber- oder familiengeführte Unternehmen genauer auf das Verhältnis zwischen Aufwand (Tagessätzen) und Ertrag (Slides) schauen – oder einfach weniger mit Powerpoint kommuniziert wird.

22 In der Softwareentwicklung werden unfertige Produkte gerne neudeutsch als »Alpha« und dann als »Beta«-Release bezeichnet. Die Web 2.0-Generation hat diese Zustände so perfektioniert, dass die Firma Skype ihr Telefonprogramm noch als Beta bezeichnet hat, als die Firma längst an der Börse auf Milliardenwerte taxierte. Vielleicht zeigt sich hier ein Prozess zunehmender Ehrlichkeit – schließlich vertreibt Microsoft schon seit Jahrzehnten Produkte, die zwar als finale Versionen vermarktet werden, deren Fehlerbehebung sich aber über mehrere Jahre erstreckt. Die Branche bezeichnet diese Art der Marketingstrategie auch gerne als »Bananensoftware«, weil sie beim Kunden reift.

23 »In der Linie« arbeiten: Gegenentwurf zum Beraterleben – einem Job in einem regulären Angestelltenverhältnis bei einem festen Arbeitgeber nachgehen, in der Regel in einer Leitungsfunktion mit Verantwortung.

24 Idle (deutsch: Leerlauf): Zustand eines Computerprozessors, in dem er nicht arbeitet, sondern in einer Art Ruhezustand verharrt. Kann auch als Nichtauslastung verstanden werden, denn bei Vollauslastung beträgt die Idle-Rate eines Computers 0 %.

25 Mitigierbar: Neudeutsches Wort zur Beschreibung der Eindämmung eines Risikos (englisch: to mitigate a risk).

26 Nerd: eigentlich »Langweiler, Außenseiter«, Bezeichnung für kommunikativ leicht gestörte, in Teilbereichen hoch kompetente Persönlichkeiten, die zu erstaunlichen Höchstleistungen in der Lage sein können, aber soziale Defizite aufweisen. Bill Gates gilt als das Paradebeispiel für einen Nerd.
Geek: »Streber«, ähnlich wie Nerd, jedoch mehr auf einen spe-

ziellen Inhalt fixiert. Ursprünglich auf Menschen mit ADHS oder Asperger-Syndrom angewendet.

27 *Farmville* und *Mafia Wars* sind erfolgreiche Spiele auf Facebook, sogenannte »Social games«, bei denen es darum geht, mithilfe seines Netzwerkes (zum Beispiel der eigenen Mafiafamilie) Karriere zu machen. Die Projektkollegen eignen sich prima, um digitale Mitstreiter zu rekrutieren.

28 80/20-Regel: Als wesentliches Hilfsmittel zur Optimierung vor allem des eigenen Arbeitseinsatzes greifen Unternehmensberater gerne auf das sogenannte »Pareto-Prinzip« zurück. Wikipedia erklärt, dass laut dem Pareto-Prinzip »80 % der Ergebnisse in 20 % der Gesamtzeit eines Projekts erreicht werden. Die verbleibenden 20 % der Ergebnisse verursachen die meiste Arbeit.« Basierend auf den Erkenntnissen aus der Vermögensverteilung, die in vielen Bereichen angewendet werden können, dient die sogenannte »80/20-Regel« dazu, sich nicht in Details zu verlieren. Durch Zuordnen allzu unliebsamer Erkenntnisse zu den unbedeutenden 20 % kann allerdings auch so manche Frage unter den Teppich gekehrt werden, deren Beantwortung hohen Aufwand erfordern würde.

Die Reduktion auf die wesentlichen 80 % ist eines der Hauptkriterien für komplexe strategische Fragestellungen, in denen eine vollständige Informationsgewinnung nicht möglich ist. Die Hauptarbeit konzentriert sich dann auf die Frage: Welche Informationen sind wirklich wichtig, oder, im Beraterjargon: »Was sind die wesentlichen Hebel?«

29 Kaltakquise: eine der unangenehmsten Facetten des Beratergeschäfts. Die selbstinitiierte Kontaktaufnahme beinhaltet nicht nur das Risiko des Abgewimmeltwerdens und damit eine Degradierung des eigenen Selbstbildes, sondern wirkt insbesondere dadurch erniedrigend, dass man dazu gezwungen wird, die eigene Leistung wie sauer Bier anbieten zu müssen. Eine Situation, die nur schwer mit dem Selbstbild des leuchtenden Sterns in Einklang zu bringen ist, den alle sehen und dem alle bereitwillig folgen.